HOMEM – MÁQUINA
– PARADIGMA DA VIDA MODERNA

J. MARTINS DOS SANTOS
PEng, PhD
Prof. Ensino Superior

HOMEM – MÁQUINA
– PARADIGMA DA VIDA MODERNA

Uma nova visão do binómio Energia-Ambiente
e as implicações na desordem do quotidiano actual

ALMEDINA

HOMEM – MÁQUINA
— PARADIGMA DA VIDA MODERNA

AUTOR
J. MARTINS DOS SANTOS

EDITOR
EDIÇÕES ALMEDINA, SA
Avenida Fernão de Magalhães, n.º 584, 5.º Andar
3000-174 Coimbra
Tel.: 239 851 904
Fax: 239 851 901
www.almedina.net
editora@almedina.net

PRÉ-IMPRESSÃO • IMPRESSÃO • ACABAMENTO
G.C. – GRÁFICA DE COIMBRA, LDA.
Palheira – Assafarge
3001-453 Coimbra
producao@graficadecoimbra.pt

Maio 2007

DEPÓSITO LEGAL
258858/07

Os dados e as opiniões inseridos na presente publicação
são da exclusiva responsabilidade do(s) seu(s) autor(es).

Toda a reprodução desta obra, por fotocópia ou outro qualquer processo,
sem prévia automatização escrita do Editor,
é ilícita e passível de procedimento judicial contra o infractor.

HOMEM – MÁQUINA
— Paradigma da Vida Moderna

A História da Humanidade é linear e não cíclica. Por isso não é crível que se chegue, pelo progresso, como é na actualidade entendido, ao planeta perfeito. Assim, a História do Homem faz-se de pequenas e grandes lutas contra forças contrárias à sua sobrevivência. Sem essa resistência, encaminhar-nos-íamos para o caos e desintegração do que é essencial no Planeta.

JOSÉ MARTINS DOS SANTOS

2007

— Entre *vida de abundância* ou *abundância de vida*, existe uma diferença tão vasta quanto queiramos. A primeira condição leva minorias ao *paraíso do imediato*. A segunda, a uma *longa e viva batalha* que só poderá terminar nas gerações vindouras.

ANÓNIMO

À minha mulher LUCIANA e ao SÉRGIO, SUSANA, PEDRO, FILIPA, STEVE, ANA, RUI, ERICA, DIOGO, ALEXANDER E NICHOLAS, que me têm ajudado a melhor entender esta suprema dádiva chamada Natureza.

AGRADECIMENTOS

Ao considerável número de pessoas que amavelmente contribuíram com importantes pontos de vista sobre as matérias versadas nesta obra quero aqui agradecer reconhecidamente. Particularmente destaco pela relevância na colaboração pedagógica e técnica o empenho do Dr. Luís Filipe Santos, ex-presidente do Conselho Directivo da Escola E.B. 2/3 Vieira da Silva – Carnaxide e membro actual da Assembleia Municipal de Oeiras.

O melhor apreço devo manifestar aos meus amigos, pela preciosa ajuda na concretização deste trabalho:

Doutor João Mosca – Presidente do Conselho Científico – Instituto Piaget, Almada.

Doutor Amândio Baía, Professor Coordenador do Instituto Politécnico da Guarda.

Eng.° José Avelino A. Patriarca – Comendador, Assessor principal do M.O.P.

Doutora Teresa Cabrita – Coordenadora – Departamento de Ciências Químicas e do Ambiente – I. Piaget.

Dr. Sérgio Santos – Gestor Ambiental, Coordenador, Eco-Schools, U.E.

Dra. Filipa Santos Pleva – Psicóloga – Governo do Canadá.

Steve Pleva – Accountant Manager – Governo do Canada.

Eng.° Daniel Carreira – Director Industrial.

Eng.° Jorge Faria – Gestor de Empresas.

Eng.° Eduardo Correia – Assessor Industrial.

Eng.° Abel Carreira – Assessor Industrial.

Dr. Lindo da Silva – Assessor Comercial – Embaixada do Canadá.

Eng. J. Sales Luiz – Assessor Industrial – Robbialac

Eng.° Carlos M. Vilhena Pereira – Director Industrial, ElectroArco.

Dra. Susana Helena Correia Santos – Psicóloga Social – Doutoranda.

Maria Goreti Costa – Secretária, executou, com grande empenho, a parte técnica no processamento de dados deste livro.

AUTHOR'S NOTES

Western Societies in the industrialised world have been instructed by responsible social sectors that in our paradigm of life we should strive, as a first objective, for **more and quicker growth, abundant utilities at home and ever more physical comfort, bringing us the desired levels of prosperity and modernity.** These account for a multiple of ingredients which we are all internalising as human progress, quality of life and social and economic development. In fact, what we are experimenting in our days is a lifestyle style with more and more quantities of goods acquired through peoples´ efforts , while at the same time wanting to live in a world with better quality with regard to their own environment.

Paradoxically, we find increasing support for the present paradigm for the short term "advantages" it brings to our present lifestyle, such as a quick turn-over of our actions, a reduction in physical efforts in our daily tasks, all the modern communication technologies we dispose of and, above all, excellent speedy and comfortable private cars we use. Indeed, for those less attentive to the surrounding world all these fixtures appear like a path to a wonderful paradise.

The recognised truth, however, is that in the twentieth and twenty first centuries humans became active colonizers of the Planet so to dispose it at their pleasure in order to obtain all the advantages in life. At the expense of limited natural resources, mankind is in fact demonstrating an unreasonable and greedy, egocentric behaviour which creates limits to his own future.

Healthy human lives are presently at "light-years" of what was conceived as such by the "Homo-Sapiens" thousands of years ago. In fact, our surrounding world became more and increasingly confused and disorganized particulary in the last fifty years, though it my appear to be the contrary. On reflection, mankind, in a drive to a improve life, is creating small "paradise islands" at the expense of oceans of disorder and chaos. In some vast areas of the Planet these "oceans of disorder", in due time, will absorb all those "paradise islands" and, so doing, will bring to Humanity the hardest times ever felt. We are indeed in a crossroad of our history; however, for many, still in time to correct our present paradigm towards a new direction whereby a sustainable life can still be expected.

The most simplified explanation for this type of evolution in Man's behaviour occurring since the first Industrial Revolution is that, living in the paradigm of "the more the better" together with exponential population growth, the "new colonisers" of Nature became increasingly egocentric and obsessed for material commodities and wealth. The accelerated devastation of the Ecosystems resultig from an exacerbated consumerism and the associated depletion of the same source (Nature) of inert materials, gave rise to the situation we are facing now, that is, close to chaos in many zones of the Planet. We may even be close, say a few dozens of years, to a decadent and unsustainable Planet should we all, from top social and political leaders to the common citizen, not act now in a better and more gratifying attitude towards Nature.

This book emphasises the relationship between energy and the physical environment and how we are dealing with these two variables, of the most critical importance in our daily lives. In this sense, this book addresses in a simplified but fundamented way, today's most affecting concerns in peoples' minds; it does not posit a definite solution to the problem but carries enough subject matters for useful reflection towards effective forms of action as a *"sine-qua-non"* condition for sustainable living.

NOTA DO AUTOR

As sociedades ocidentais existentes no mundo industrialmente desenvolvido, ou em vias de desenvolvimento, são instruídas pelos sectores com responsabilidades políticas e económicas, no paradigma do *"quanto maior e mais rápido for o crescimento do seu país ou região melhor para todos"*, ou *"quanto maior for a quantidade de utilidades domésticas conseguidas melhor"*, ou ainda *"quanto mais comodidades, e portanto quanto mais conforto se conseguir, mais prosperidade se poderá reclamar..."* enfim, uma panóplia de ingredientes a que nos habituaram chamar de *progresso e qualidade de vida*, ou de *desenvolvimento económico e social*, colocando-se aqui tudo o que reflectidamente não passa de meras quantidades a que cada indivíduo com maior ou menor esforço tem acesso, embora muitas vezes desejando, em vez disso, constatar um mundo físico à sua volta mais qualitativo do que aquele em que está inserido, obstinadamente quantitativo, o qual vai entretanto promovendo como objectivo final.

A reconhecida verdade é que o Homem dos séculos XX e XXI se tornou um activo colonizador do Planeta, cada vez mais desatento ao que se passa ao seu redor, habituando-se a pensar mais na "quantidade de vida" do que na qualidade que é afinal o que deve interessar à sua própria vivência sustentável no Planeta que habita.

As condições de vida humana saudável estão actualmente a "anos--luz" do que foi entendido desde há milhares de anos pelo "Homo Sapiens". O mundo à nossa volta tornou-se cada vez mais confuso e desordenado embora aparentemente caminhemos para a máxima perfeição tecnológica. De facto, se reflectirmos sobre o mundo físico que se tem criado à nossa volta e nos consequentes padrões de vida que se vão estabelecendo no quotidiano das pessoas, rapidamente se chega à conclusão de que a espécie humana está criando em seu redor "pequenas ilhas" com alguma ordem no seio de "imensos oceanos" de desordem, que acabarão por absorver essas pequenas ilhas, tornando a vida no Planeta cada vez mais dura e difícil de gerir.

A explicação mais tecnicista e pragmática para que este tipo de evolução da humanidade, centrado no paradigma do "quanto mais melhor" esteja a acontecer, é a de que, por um lado, o fenómeno do crescimento exponencial da população que se verifica desde os meados do século XX e por outro, o facto de que cada um de nós exigir cada vez mais dos Recursos Naturais existentes, devolvendo à Natureza crescentes desperdícios, obriga necessariamente, e as experiências actuais assim o confirmam, a uma decadência cada vez mais acentuada dos Ecossistemas, não obstante os espectaculares avanços tecnológicos. Como resultado, parece inevitável, seguindo as populações o paradigma actual, que a vida minimamente sustentável no Planeta se torne impossível num futuro relativamente próximo. Neste sentido poder-se-á falar num futuro próximo decadente, o qual se pode manifestar num intervalo de tempo de algumas escassas dezenas de anos.

Este livro enfatiza o binómio **energia–ambiente físico** e, como é que com estas condicionantes nos estamos a relacionar, estando estes factores na origem das perturbações actuais com que a humanidade se defronta e defrontará de modo cada vez mais intensivo se, num futuro próximo, não se conseguir uma efectiva mudança de paradigma. E neste sentido, abordar-se-á o fenómeno com a simplicidade possível, de modo a induzir alguma compreensão de pertinentes conceitos capazes de provocar adicional reflexão para soluções que levem a uma conduta de mais Baixa Entropia e assim, a melhor equilíbrio nos Ecossistemas Naturais como condição *"sine qua non"* para a sustentabilidade da vida no Planeta.

INTRODUÇÃO

Um pouco de história da energia como origem do desenvolvimento industrial e do crescimento populacional

É nas grandes Leis da Termodinâmica, citadas há algumas centenas de anos, que a Humanidade pode encontrar explicação para o actual mundo físico que, em termos ambientais, está atingindo limites cada vez mais preocupantes implicando sérias dificuldades em todos os aspectos da vida do Planeta que habitamos. A actual desordem nos Ecossistemas Naturais é justificada na 2ª Lei da Termodinâmica onde encontramos explicação para a crescente evolução das tensões ambientais que se exercem a um ritmo e intensidade nunca antes constatado na História da Humanidade.

A 2ª Lei da Termodinâmica, de muito rico conteúdo, pode traduzir--se numa expressão simples no que concerne à vida do Planeta:

"Sendo a Energia no Universo a nível planetário constante desde a sua origem, à medida que o seu conteúdo Entrópico (poluição) aumenta, a componente útil disponível vai diminuindo".

É neste postulado, reduzido à sua expressão mais simples, que encontramos explicação para a grande "batalha" que se avizinha a ritmo crescente, isto é, *ou* **há mudança de atitude das Sociedades quanto ao uso dos Recursos Energéticos Naturais de origem fóssil** *ou* **caminharemos para o fim da Energia não-Renovável**, com resultados devastadores concretizados em tensões ambientais e consequente degradação dos Ecossistemas tornando o "habitat" humano sem as condições normais para a sobrevivência da vida no Planeta.

Desde a Antiga Grécia aos primeiros séculos do Cristianismo e até ao século XIII, a madeira da floresta constituíu a fonte energética principal da Humanidade sendo este recurso o motor do parco crescimento económico destas sociedades, dando-lhes impulso ao aumento populacional verificado principalmente nos centros urbanos. Resultado desta evolução populacional, embora a ritmos lentos, a base alimentar destes centros foi escasseando e havia necessidade de abrir "rasgos" na Agricultura para garantir a produção agrícola suficiente. Progressivamente se iam encontrando caminhos que levavam à imaginação (esta sempre e invariavelmente consequência da necessidade) para a descoberta e desenvolvimento do carvão mineral como fonte energética com maior potência térmica para a satisfação das necessidades de então. É no contexto da descoberta e do desenvolvimento no uso do carvão como fonte energética, que uma vez mais a Humanidade se depara com novas dificuldades, dando por sua vez origem a novas invenções, projectando o uso do carvão mineral como fonte energética principal para a necessária revolução na modernização da Agricultura. Sendo o carvão mineral à época cada vez mais encontrado em jazigos com quantidades de água que tornavam a sua exploração impossível, era então necessário extrair o líquido para se prosseguir com os trabalhos que levassem à sua extracção. Estava assim criada uma nova necessidade e consequentemente dado o primeiro passo para a descoberta da máquina a vapor que accionasse a **bomba de água que viria a ser a primeira aplicação da máquina a vapor**, para a drenagem da água nos jazigos de carvão. Na medida em que o uso do carvão se ia impondo cada vez mais como fonte energética de excelência, os centros urbanos iam crescendo e diversificando-se, provocando o aparecimento de outra necessidade ... a de transportar o carvão a distâncias cada vez mais longas.

Estava assim justificada a 2ª aplicação da máquina a vapor ... **a locomotiva a vapor.** James Watt terá assim dado o primeiro grande impulso à máquina a vapor (ano de 1781).

Em finais do século XVIII o carvão mineral era a principal fonte energética para o crescimento e desenvolvimento em Inglaterra. Nos restantes países da Europa Ocidental o uso do carvão mineral foi até cerca de 1850 a fonte energética principal.

As fases evolutivas das fontes energéticas da madeira para o carvão iam revelando, através da história, novas realidades de vida para as Sociedades; os paradigmas de vida iam-se alterando na medida em que maiores quantidades energéticas de base carvão iam sendo disponibilizadas. Até finais do século XIII o paradigma vigente era o de que o progresso trazia a "semente do caos e da desordem" para as condições de vida das populações. Segundo a filosofia reinante era necessário que não houvesse progresso evolutivo nos meios produtivos para que as Sociedades continuassem a existir com sustentabilidade, tornando-se assim prioritário preservar o bem da vida humana, não se adoptando o desenvolvimento como uma necessidade. Não obstante este paradigma parecer não ter, à época, alternativa possível, o crescimento populacional foi-se acentuando, tornando-se cada vez mais necessário "revolucionar" a Agricultura até então em estilo de precária sobrevivência. Outro paradigma de vida começava a difundir-se... o **paradigma Homem-Máquina**. De 1620 a cerca de 1720, pensadores como **Francis Bacon**, **René Descartes** e **Isaac Newton** fomentando o **paradigma Homem-Máquina** conseguem que a eles se associem economistas como **Adam Smith** e sociólogos como **Jacques Turgot** e outros que, em perfeita sintonia com o novo pensamento reinante, se impuseram naquilo em que acreditavam, isto é: *"só com o paradigma Homem-Máquina o Mundo sobrevive e as Sociedades irão prosperar"*.

Trezentos anos depois, neste início do século XXI, em pleno domínio das mais avançadas tecnologias, continua este a ser o paradigma em que as populações vivem, sobretudo nas Sociedades Ocidentais.

Dois aspectos estão contudo problematizando a vida das sociedades no mundo industrialmente desenvolvido para prosseguir no paradigma Homem-Máquina. Por um lado as populações crescem a ritmos nunca antes vistos ...de 1800 a 1950 (150 anos) a população mundial cresceu até 3 biliões. Em 2005 (55 anos depois) a população no planeta cresceu dos 3 biliões a mais de 6.5 biliões. Por outro lado, as populações educadas e instruídas no paradigma reinante, em que cada habitante, sobretudo no mundo industrialmente desenvolvido ou em vias disso, aspira a ter mais bens materiais, mais quantidades de utensílios de substituição do trabalho físico, mais conforto, e meios de deslocação cada vez mais potentes e rápidos, levam a hábitos consumistas imparáveis e insustentáveis no que concerne os Recursos Energéticos. Presentemente todo o desenvolvimento humano está condicionado aos Recursos Energéticos Naturais **não-Renováveis na duração de uma vida humana**. Estas exigências da vida moderna estão a tornar-se claramente incompatíveis com a própria sustentabilidade da vida num futuro próximo. Afigura-se neste estilo de vida, uma impossibilidade crescente para que a Humanidade consiga viver neste paradigma a médio/longo termo. Este modo de pensar e agir quanto à utilização dos Recursos Naturais é o mesmo que fora pensado há

300 anos em condições populacionais e de exigência individual totalmente díspares.

Do conteúdo do presente livro não se espere a indicação de uma solução simples para este fenómeno, **talvez o mais crucial da actualidade pelas implicações que envolve para a sobrevivência da espécie Humana em todas as vertentes da vida Social e Económica**. É, no entanto, o principal objectivo desta obra, clarificar a situação na sua multifacetada dimensão e projectar algumas ideias e asserções capazes de provocar mais reflexão com objectividade, na utilidade, no sentido da busca de soluções adequadas a cada situação no lugar e nas condições em que nos encontramos.

"Universe cogitare, localiter facere". (Pensar universal, fazer local).

A vida no Planeta à luz
da 2ª Lei da Termodinâmica

Como poderá explicar-se que o desenvolvimento da vida se faz de modo progressivamente organizado quando é, por outro lado, provado que a Entropia (desordem da matéria) é algo em crescendo contínuo no decurso de qualquer transformação da matéria? A propósito da transformação do ovo, que dá lugar ao ser vivo, poder-se-á dizer que este constitui matéria mais desordenada do que o primeiro? A resposta é não. Existe de facto uma aparente violação da norma, quando estas transformações se aplicam aos seres vivos. No entanto, deve acrescentar-se que, em rigor, também aqui não existe violação real da 2ª Lei da Termodinâmica. Veja-se: A vida vegetal e animal são dependentes da energia solar como base da sua subsistência. Desta quantidade de energia recebida só uma pequena parte é aproveitada pelos seres para a transformação da matéria, operada sobre a sua própria estrutura. Existe portanto uma grande quantidade de energia não utilizada que se dissipa irreversivelmente no Planeta, isto é, deste fenómeno resulta o aumento de Entropia no Sistema Universo. Poderá então concluir--se que quando o ovo dá lugar ao pinto, a matéria de facto se organizou dando origem a um ser organicamente perfeito com todas as suas faculdades vitais. Contudo, toda esta transformação foi possível a expensas de quantidades consideráveis de energia natural, resultando deste fenómeno que apenas uma pequena parte dessa energia foi útil ao processo de transformação; uma quantidade, largamente a maior, foi de facto dissipada nos Ecossistemas em forma irreversivelmente desordenada, contribuindo assim para o aumento de Entropia no Planeta, justificando assim que também na evolução dos seres vivos, as leis da Termodinâmica sejam aplicáveis.

Num processo de transformação da matéria contribuindo para um aumento de Entropia (desordem) no Planeta, poderá ainda apresentar-se a evidência das Leis da Termodinâmica a outra escala, isto é, na transformação da matéria-prima em produto acabado na evolução dos seres vivos.

Entendamos que para a transformação da matéria prima **toda** a energia necessária é retirada dos Recursos Naturais e que na transformação sucessiva desta matéria em produto acabado se desenvolve um processo semelhante ao do **catabolismo** e **anabolismo** na função energético--alimentar do corpo humano a que chamamos no seu todo de **metabolismo**. Deste modo, a matéria-prima vai sendo digerida, fraccionada e finalmente "sintetizada" para tomar forma de produto acabado, neste caso energia. Nestas sucessivas passagens, a componente útil do conteúdo energético residual dos Recursos Naturais necessária à transformação, a qual vai dando forma *"ao produto"*, é consumida paralelamente à quantidade Entrópica desse mesmo conteúdo natural sendo esta devolvida aos Ecossistemas em formas irreversivelmente desordenadas, justificando uma vez mais a inevitabilidade de todo o processo produtivo ser contribuinte para o crescimento do valor Entrópico no Planeta.

Para podermos ter valores quantificados sobre o uso quotidiano dos Recursos Naturais de que nos servimos para a nossa própria subsistência, vejamos um exemplo:

Consideremos os recursos do Ecossistema que usamos na transformação da cadeia alimentar, assim constituído: água num lago, erva, gafanhotos, rãs, trutas, sendo o ser humano o último desta cadeia alimentar.

De acordo com as Leis da Termodinâmica, a matéria vai sendo transformada sem qualquer perda num Universo restrito ao nível planetário.

Nesta transformação consomem-se, aproximadamente, as seguintes quantidades de matéria para que se possa alimentar um ser humano durante um ano, (assumindo-se aqui alimentado a trutas):

Quantidade de trutas necessárias à alimentação humana - 300 trutas estas necessitarão de retirar do Ecossistema - - - - - - - - - 90 000 rãs que por sua vez necessitam de consumir - -27 milhões de gafanhotos os quais para sobreviverem necessitam de - - 1000 toneladas de erva.

Pode assim dizer-se que para a subsistência anual de um ser humano com uma hipotética alimentação deste tipo, se necessitaria de uma cultura de 1000 toneladas de erva à sua disposição. É óbvio que para a cultura desta erva será necessário o uso de vastos Recursos Naturais, incluindo os recursos energéticos, de consideráveis proporções. (note-se que os próprios fertilizantes artificialmente produzidos ou os transportes neles utilizados consomem vastas quantidades energéticas).

São estes alguns dos fenómenos que não transparecem no dia-a-dia das pessoas mas que constituem hoje, por razões que se descrevem adiante, o grande problema da humanidade, isto é, o facto das populações exigirem cada vez mais dos Recursos Naturais existentes, muitas vezes sem disto haver plena consciência, e também o facto de sermos cada vez mais, num crescimento populacional ao nível planetário sem precedentes. Estão criadas, sem dúvida, nas Sociedades actuais, dificuldades de sustentabilidade de enormes proporções. Nos processos de transformação da matéria, os humanos rejeitam e devolvem aos Ecossistemas a parte Entrópica da energia e das matérias desorganizadas e não utilizadas, indo estes excedentes de desordem (poluição) criar novas necessidades de intervenção físico--energética e assim o desgaste de todos os Recursos Naturais. Parece estarmos assim perante um fenómeno cíclico de imensas proporções que não poupará os humanos a tempos cada vez mais difíceis quer do ponto de vista da subsistência económica quer dos aspectos sanitários mais ou menos graves que afectam de modo crescente e sem precedentes a saúde pública.

Pode imaginar-se, para efeito comparativo, o uso dos Recursos Naturais Energéticos com consequências ambientais numa cidade capital da Comunidade Europeia de dimensões populacionais comparativamente reduzidas como por exemplo Lisboa, com cerca de 2 milhões de habitantes, consomem-se diariamente cerca de 2000 toneladas de alimentos sólidos e 10000 toneladas de água potável.

Coloca-se a questão: Qual será o impacte desta cidade no desgaste diário dos Recursos Naturais e a consequência da "devolução" dos excedentes (desperdício) aos Ecossistemas? ... Para a produção diária de alimentos sólidos e líquidos para esta população é necessária uma quantidade energética total de **petróleo equivalente** de cerca de 8000 a 10000 toneladas. A esta quantidade energética é somada a queima directa de **petróleo equivalente** para os transportes e para o conforto doméstico de 15000 toneladas, resultando num total de consumo energético diário nesta cidade de 23000 a 25000 **toneladas de petróleo equivalente**.

Em termos de poluentes do ar atmosférico circundante (troposfera) o impacte nas emissões diárias será aproximadamente:

CO_2............................ 65 000 toneladas/dia
SO_2............................ 112,5 toneladas/dia
NO_x .... 135 toneladas/dia

Deixemos por um momento este impacte diário dos consumos energéticos nos poluentes do ar e concentremo-nos na massa de desperdícios sólidos e líquidos que são devolvidos diariamente aos solos e às águas, provenientes desta cidade, o que se pode quantificar num total de 10500 e 30000 toneladas diárias respectivamente. Poderá então reflectir-se sobre as tensões ambientais criadas ao nível dos Ecossistemas e sobre o desgaste nos Recursos Naturais energéticos para o seu tratamento.

Estes exemplos mostram que o conceito de evolução Homem-Máquina, que as Sociedades contemporâneas têm adoptado como paradigma de vida desde há 300 anos, sendo uma aparente necessidade vital de subsistência humana, parece evidenciar de modo cada vez mais comprometedor para a qualidade de vida das populações a inevitabilidade de uma opção clara sobre um novo paradigma de vida para o século XXI. De facto, as Leis da Termodinâmica relacionando-se com a evolução da origem e neste processo justificando a dissipação irreversível da energia disponível, fornecem os sinais sobre o modo de estar e de agir das populações, quanto ao seu paradigma de vida do "quanto mais melhor", constituindo um sério aviso para situações de imensas dificuldades num futuro próximo que se situará sempre em escassas dezenas de anos.

O ambiente físico em que vivemos é sempre uma consequência do modo de pensar e agir das populações. Sem cultura cívica centrada no respeito pela Natureza e nos seus integrantes Ecossistemas, não existirá nenhuma parte do Planeta saudavelmente habitável. No contexto actual do paradigma reinante, acredita-se que a evolução e o progresso tecnológico tal como o concebemos, de algum modo mágico, retardará o aparecimento das previsíveis situações de caos graças aos cada vez mais sofisticados meios disponíveis, para atenuar os efeitos negativos e irreversíveis sobre os Ecossistemas. Com efeito, com o desequilíbrio ambiental criado pela grande maioria das populações mais insensíveis aos seus actos devastadores, embora muitas vezes respeitáveis pela necessidade de sobrevivência, é evidente que esta caminhada não levará as Sociedades ao paraíso que sonham. O nosso sentido de "evolução e progresso" está, cada vez mais, criando grandes ilhas de "ordem ambiental" e simultaneamente imensos "oceanos de desordem" ao nível dos Ecossistemas. Nos capítulos seguintes encontrar-se-ão algumas ideias para reflexão sobre os modos como o ser Humano actualmente em "passo de corrida" em estilo colonizador do Planeta poderá, através de um necessário e imenso consenso a nível planetário, contribuir para mais habitabilidade e menos "desordem" evitando assim o previsível caos.

Um pouco de história sobre as maiores crises energéticas e consequentes mudanças de paradigma de vida....

Através da História o comportamento da Humanidade tem sofrido profundas alterações sempre consistentes com a necessidade de sobrevivência como precedente da imaginação criadora no desenvolvimento humano.

Para os historiadores as Eras Medieval e Industrial e seus modos de vida mais caracterizantes estão relacionadas com a utilização dos Recursos Naturais e dentro destes, os Recursos Energéticos têm sido determinantes nas "viragens" de paradigma de vida das Sociedades Humanas. Neste contexto como em outros aspectos do desenvolvimento humano, a Era da Renascença foi um tempo de transição que mediou entre as duas grandes etapas da História da Humanidade no que concerne à aplicação generalizada dos Recursos Naturais disponíveis, mudando radicalmente o paradigma de vida das populações. Da antiga Grécia aos primeiros séculos do Cristianismo, a madeira foi a fonte energética generalizada para a satisfação das Sociedades, dando lugar a inevitável crescimento das populações urbanas criando em simultâneo o crescente desbaste na floresta, confirmando assim o paradigma de vida reinante à época... isto é, o de que "o crescimento e o desenvolvimento trazia em si a semente do caos e da desordem ecológica". Havia que inventar outro meio de satisfação das necessidades energéticas das populações sem a inversão daquilo que à época seria "sagrado", isto é, a Conservação da Natureza e do "habitat" do Homem Medieval. Nesta busca incessante motivada pela necessidade humana de continuar a viver em sintonia com a Natureza, apareceu o carvão mineral como forma de substituição da madeira. Entre os séculos XIII e XVIII a extracção do carvão tornou-se o principal factor de transição da Época Medieval e dos paradigmas de vida que a caracterizava, para dar lugar, a seu tempo, à 1ª Revolução Industrial. O relativamente baixo índice de crescimento populacional ditava os longos períodos decorridos na transição de paradigmas de vida, sempre na ordem das centenas de anos.

Ao pensamento centrado com base na estagnação das Sociedades para a preservação do habitat natural, associava-se o continuado crescimento populacional de modo a constituir um desafio aos pensadores da época que viam nesta dualidade um conflito de conceito entre um equilíbrio natural estacionário e uma dinâmica populacional, situação que não se apresentava viável para o futuro das Sociedades. Estava lançado o "gérmen" do paradigma Homem-Máquina e com este a 1ª Revolução Industrial como meio para resolver as questões sociais que se apresentavam cada vez mais diversificadas e complexas, como o aumento da população, o crescimento dos centros urbanos, e sobretudo a necessidade de desenvolver uma Agricultura que servisse de base sustentável e ao mesmo tempo de sobrevivência às populações rurais e urbanas.

Assim, no período entre 1620 e 1750 os importantes contributos de pensadores como Francis Bacon, René Descartes e Isaac Newton, no campo das Ciências Físicas e das Matemáticas assim como Adam Smith, Jackes Turgot e outros nos domínios da Economia, conseguiram, através dos seus seguidores mais activos instalar na Europa Ocidental um paradigma de vida no qual a interacção Homem-Máquina seria não só necessária como indissociável da sua própria sobrevivência. Este paradigma ainda hoje em existência, 300 anos depois da sua génese, é geralmente o guia *"master"* no quotidiano de todos nós. Neste modo de pensar e agir acreditamos que as tecnologias, os inventos científicos nos campos da Engenharia, da Medicina, da Gestão de Recursos e outros, serão capazes de perfeito controlo do crescimento das regiões e dos países com a adaptação perfeita e em contínuo às condições de vida que no nosso entender serão sempre cada vez mais modernas, eficazes e portadoras de todas as soluções e ajustes para um futuro das Sociedades na modernidade.

Nada mais errado. Qualquer ser humano racionalmente desapaixonado entre o ideal paradisíaco e a realidade das "coisas" físicas à sua volta, rapidamente chega à conclusão de que não deve ser esta a direcção em que actualmente nos movemos. Compreenderá que o mundo à nossa volta, embora com algumas "ilhas" de ordem que se vão criando a expensas da Ciência e das Tecnologias, que não compensarão nunca os "oceanos" de desordem nos Ecossistemas que por todo o lado do Planeta, e sobretudo em áreas industrialmente desenvolvidas, se vão acumulando, basta atentar-se na observação da **Litosfera** e o que está acontecendo com a decadência orgânica na fertilidade dos solos, a falta de diversidade vegetativa, dando lugar às monoculturas, a erosão e suas consequências, para nos apercebermos das dimensões do pântano que os seres humanos actuais, maus colonizadores do Planeta, estão criando em desfavor próprio.

Se atentarmos no que geralmente se passa com a **Hidrosfera**, na qualidade das águas dos lagos, dos rios, dos mares e oceanos e o consequente impacte na fauna e flora marítima, rapidamente chegamos à conclusão de que a rotura na sustentabilidade destes Ecossistemas poderá estar eminente a curto ou médio termo.

Por último e talvez o componente ecológico mais directamente sentido ao nível da habitabilidade: **o ar atmosférico**; rapidamente descobrimos que os ingredientes químicos e biológicos que respiramos com origem antropogénica, estão de facto atingindo limites intoleráveis de degradibilidade, que nalgumas regiões do Planeta se podem considerar já alarmantes.

Não será certamente com um tipo de raciocínio negativista, alarmista ou catastrófico que todos estes problemas da Humanidade se resolverão. Contudo, o nosso **paradigma de vida Ocidental** terá de mudar de rumo com celeridade suficiente para evitar aquilo que parece já ser o aproximar de um tempo de difícil habitabilidade para todos.

Para os leitores que neste ponto sintam estarem a cruzar-se com uma leitura de conteúdo catastrofista ou negativista aconselha-se o prosseguimento com interesse nos novos capítulos onde se poderão tirar algumas ideias intencionalmente úteis, não para inverter todas as condições de vida que estabelecemos até aqui mas certamente para atenuarmos ou dissiparmos algumas das mais graves atitudes que a Humanidade está a tomar em relação ao seu próprio habitat natural.

A interacção evolutiva do Homem
com os Ecossistemas ao nível planetário

Na sua caminhada de colonizador nato do Planeta Terra, o Homem tem interagido sempre a seu modo, tirando dos Recursos Naturais, o maior partido possível, o que infelizmente nem sempre tem sido a favor da sua própria sustentabilidade de vida, criando simultaneamente à sua volta *"ilhas de ordem"* e *"oceanos de desordem"* dentro de uma esfera limitada que constitui a envolvente do seu habitat … a **Biosfera**.

Nos nossos dias os resultados dos impactes da interacção Humana com os Ecossistemas são visíveis por todo o lado no Planeta. Na sua caminhada intervencionista com os Recursos Naturais que usa a seu proveito e a seu belo prazer, o Homem tem sido sempre coerente com dois factos:

1 – Sempre que intervém em qualquer Ecossistema tende a antropolizá-lo, isto é, transformá-lo a seu modo e à sua conveniência, num novo sistema onde melhor e com mais celeridade possa dele usufruir um benefício com o menor esforço físico possível.

2 – Tende a homogeneizar os seus conceitos de intervenção de modo a orientar-se sempre, através da História, segundo padrões e paradigmas de vida próprios com base nos novos Sistemas que vai "arquitectando" dentro dos Ecossistemas Naturais de origem. Por outras palavras, o Homem no seu papel de colonizador nato dos Recursos Naturais vai usufruindo sempre, cada vez mais, destes recursos agindo sempre como se estes fossem ilimitados e equipados com poder de reversibilidade natural ou artificial através da sua própria intervenção antropogénica.

Neste paradigma, o ser Humano continua assim incorrendo no maior erro da sua história, isto é, o da transformação das suas próprias origens em qualquer outra coisa que mais lhe apraz ou que enganosamente o conduziu ao *"empowerment"* que deseja.

A intervenção Humana nos Agrossistemas

O aparecimento de necessidades específicas tem sido consistentemente a força motora da evolução humana a qual tem levado a gigantescas e rápidas transformações também nos processos Agro-alimentares através da acção intervencionista e determinada do Homem com a Natureza. Nem sempre foi assim no passado, onde significativas mudanças na evolução dos processos e nos paradigmas de vida só foram possíveis ao longo de séculos. Foi sem dúvida o crescimento da produção agrícola e a consequente criação de gado que levou ao crescimento populacional ao longo da História da Humanidade. Na actualidade ainda é verificada esta lógica ecossistémica, contudo os métodos e tecnologias emergentes permitiram provocar crescimentos a ritmos incomparavelmente mais acelerados e sem precedentes na História. O Homem pensou em transformações de rápido benefício ao nível da Litosfera. E da passagem do ritmo lento de desenvolvimento dos Ecossistemas Agrícolas da Idade Média para os ritmos incomparavelmente mais acelerados da actualidade, as espécies então multidiversificadas, foram seleccionadas dando origem a tipos de vegetação privilegiados para a recolha de maiores e mais rápidos benefícios para o "colonizador", tecnologicamente poderoso e cada vez mais desenvolvido, que é o ser Humano da actualidade. O Homem não tem perdido tempo na transformação dos Ecossistemas em *sistemas artificiais* que melhor se adaptem aos seus prazeres e conveniências materiais. Como resultado desta acção intervencionista, as espécies hoje utilizadas na Agricultura e na Pecuária são apenas uma pequena amostra do que foram no passado em termos de diversidade. Os Ecossistemas que hoje habitamos são, assim, neste contexto, sistemas altamente desestruturados com sérios inconvenientes nos equilíbrios naturais e com implicações devastadoras na saúde dos próprios seres Humanos.

Nesta caminhada, os Ecossistemas Naturais perderam a sua resiliencia, isto é, passaram a caracterizar-se por uma cada vez mais difícil rege-

neração ou reversibilidade, dando lugar à sua destruição e *"morte"* anteci-
pada, como é o caso da fertilidade dos solos onde a vida dos microorganismos decompositores da matéria orgânica tem sido irremediavelmente
destruída com os excessos de adubos, herbicidas e pesticidas sintéticos
derivados do petróleo, os quais estão sendo geralmente administrados
intuitivamente sobre a superfície dos solos em quantidades insupor-
táveis para a vida microbiológica destes. Este é actualmente o estado dos
Agrossistemas que são afinal "sistemas" trabalhados pelo próprio Homem,
invertendo ou desvirtuando os ciclos Naturais dos Ecossistemas, dos quais
dependemos para a nossa subsistência. Chamamos hoje vulgarmente a
este *"modus vivendi"* o de modernidade agrícola ou de *"desenvolvimento
da Agricultura de massas"*. São evidentes as consequências desta enorme
agressividade estando já a ser sentida como imensamente penosa para a
saúde Humana. Adivinha-se mesmo que num futuro próximo, mantendo-
-se o mesmo paradigma, a subsistência da vida humana se tornará, por
razões diversas, mas principalmente devido a custos da saúde, cada vez
mais penosa e difícil com a passagem do tempo. Este é um dos fenómenos
mais emergentes da actualidade cuja explicação se prende com a saúde
pública das populações e com as consequentes dificuldades daí
derivadas.

A Intervenção Humana nos Aquossistemas

Na acelerada corrida de conveniência, transformando os Ecossistemas Naturais em *"Sistemas"* adaptados aos benefícios da espécie, o Homem tem-se abstraído da correlação natural existente entre os métodos aplicados na fertilização dos solos e as implicações daí resultantes na cadeia alimentar. Com o incremento da produção dos produtos fertilizantes e fitofármacos e com a respectiva consequência nas tensões ambientais sobre a vida biológica dos subsolos, via produtos aplicados em excesso sobre a vegetação à superfície e não metabolizados, provocando, por lixiviagem na hidrosfera (lagos, rios e mares) as consequências mais desastrosas sobre a vida aquática, todo este fenómeno atinge actualmente as mais gigantescas proporções, sérias ameaças aos Ecossistemas Aquáticos e consequentemente à cadeia alimentar humana. Adicionalmente aos impactes provenientes da Agricultura, as descargas das águas residuais com origens urbana e industrial, estão atingindo dimensões preocupantes, não só nas quantidades das descargas mas, sobretudo, na diversidade de produtos eliminados pelas populações cujos impactes estão longe de ser totalmente conhecidos devido sobretudo à grande diversidade dos produtos de consumo e descarga, os quais vão aparecendo nos mercados com o evoluir das Tecnologias e da Ciência. O horizonte futuro não se afigura menos catastrófico quando pensamos nas consequências económicas dos tratamentos necessários para estas águas residuais.

Com efeito, os volumes de águas residuais em processos de tratamento estão aumentando nos países industrialmente desenvolvidos, ou em vias disso, a ritmos exponenciais, colocando cada vez mais questões difíceis de ordem técnica não só pelos volumes líquidos a tratar como pela natureza química e biológica implícita das descargas. Os novos fármacos usados pelas populações humanas e os consequentes excedentes não metabolizados têm contribuído seriamente neste processo para as dificuldades no tratamento adequado não só nos líquidos de descarga, como para as lamas residuais entretanto produzidas nas ETAR. Estão actualmente sendo utilizadas lamas residuais na agricultura por todo o Planeta com componentes químicos e biológicos de origens diversas cujas consequências na metabolização das plantas e no impacte na saúde pública, geralmente desconhecidas, os quais constituem os mais críticos poluentes... os não removíveis do organismo humano (poluentes persistentes – POPS).

Paradoxalmente, as situações mais críticas em todos estes processos de *"arquitectura de sistemas"* Agro e Aquo, a partir dos Ecossistemas Naturais e com consequências de impacte na vida dos cidadãos no que concerne a saúde pública, têm principal incidência nos países industrialmente desenvolvidos ou em vias disso, por razões que se prendem com o paradigma consumista reinante. Dirão os mais pragmáticos que as Tecnologias de tratamento de resíduos, a Engenharia Genética ou a Biologia Molecular, áreas muito desenvolvidas nestes países, tudo resolvem a favor da saúde pública. Qualquer pensamento desapaixonado deste tipo de evolução humana, com base tecnicista, seja em ciências médicas ou nas tecnologias, dirá que este nunca será o caminho a seguir. **As populações futuras não suportarão, paralelamente ao sofrimento na saúde, custos de tratamento ecológico desta grandeza para corrigir fenómenos de grande escala resultantes da insensatez humana.**

Vantagens dos Humanos sobre outros seres vivos na delapidação dos Recursos Energéticos Naturais

Todos os seres vivos, sem excepção, estão necessariamente envolvidos numa incessante batalha, arrebatando dos Ecossistemas toda a Energia que necessitam para a sua subsistência. Entre estes seres foi o ser Humano que melhor equipamento conseguiu para se auto-abastecer da Energia necessária não só para si próprio como para a satisfação do seu ego, muitas vezes alimentando o supérfluo, no paradigma do *"quanto mais melhor"*, devolvendo à Natureza, em consequência, tudo o que não constitui para si utilidade, isto é a poluição. A vantagem do *"Homo Sapiens"*, é, neste sentido, a de que os outros seres vivos nos reinos animal ou vegetal apenas se equipam com dentes, garras, focinho (reino animal) ou raízes mais ou menos complexas (reino vegetal) para conseguirem apenas sustento para si próprios. O "colonizador *Homo Sapiens Sapiens*" vai muito mais longe nas suas ambições e é esta caracterização que mais o distingue no Planeta. A espécie Humana, dotada de um sistema nervoso e cérebro altamente desenvolvidos tem, de facto, ganho enormes vantagens sobre os restantes seres vivos usando os instrumentos externos (instrumentos exomáticos) que consegue inventar e aplicar com êxito na sua espectacular e desenfreada corrida aos Recursos Naturais, desenvolvendo e criando tudo a seu belo interesse e prazer, devolvendo finalmente aos Ecossistemas os excedentes em formas desorganizadas, aumentando de forma irreversível a Entropia no Planeta e assim caminha a passos largos para a desordem e o caos ambiental. O ser Humano acredita que as Leis da Termodinâmica e seus princípios regulatórios do equilíbrio natural podem ser contornados pela inovação tecnológica e científica com base no enorme poder cerebral do ser superinteligente que reside no Planeta – o Homem. Este é de facto um princípio perigoso como paradigma da vida social. O ser Humano não poderá subsistir sem um fluxo constante de Energia como sustentáculo de tudo o que é necessário aos Ecossistemas e portanto à própria vida dos seres.

A tecnologia é apenas o agente transformador da Energia em Trabalho, de permutador de um tipo de Energia noutro, o instrumento capaz de utilizar o conteúdo útil dessa porção energética (Entalpia) e rejeitar a parte inútil aos seus objectivos concretos (Entropia). As pessoas estão em constante interacção com uma ou outra ou ambas fases desta interactividade – Energia – Transformação – Trabalho – Rejeição. Tudo o que se possa pensar como solução para as questões que se levantam relacionadas com o uso e abuso dos Recursos Naturais, com a consequente destruição dos Ecossistemas, sem uma profunda reflexão e acção sobre o actual paradigma de vida ocidental, é pura ilusão.

Os instrumentos exomáticos de que actualmente dispomos, por mais sofisticados que se nos apresentem, propiciam sempre o uso dos Recursos Naturais existentes a um ritmo cada vez mais acelerado, isto é, **caminhando sempre mais rápido para o fim da sua disponibilidade**. Tudo isto para a satisfação de um ego cada vez mais forte do Homem autodeterminado "campeão do progresso" actuando sempre como único colonizador do Planeta.

A Energia como Recurso Natural não é apenas a base de vida em si mas também da própria cultura humana. Vemos que na actualidade as Sociedades que mais controlam economicamente o Mundo são justamente as que possuem os instrumentos exomáticos (ferramentas exteriores) mais desenvolvidos na exploração dos Recursos Naturais. São as Sociedades com as apelidadas "culturas mais desenvolvidas" que com mais frequência vão impondo as suas regras na colonização dos Recursos Naturais a nível Planetário. Durante muitos séculos a 2ª Lei da Termodinâmica foi ignorada, enquanto grandes pensadores do desenvolvimento social, sobretudo a partir dos finais do século XVIII, apontavam e elegiam como questão essencial do desenvolvimento e da prosperidade humana a disponibilidade da maquinaria como instrumento de trabalho cada vez mais adaptado à exploração dos Recursos Naturais.

Só nos finais do século XIX, com a generalização do enunciado da 2ª Lei da Termodinâmica, se reconheceu que uma porção da Energia aplicada ao serviço da produção do trabalho útil era rejeitada e devolvida aos Ecossistemas em forma irreversivelmente degradada. Nem os próprios Gregos na antiguidade ou os posteriores Cristãos Medievais, que seguiram paradigmas de vida comuns na relação do desenvolvimento com "caos e desordem", formularam a 2ª Lei da Termodinâmica com o verdadeiro sentido quantificado, embora intuitivamente tivessem reflectido sobre os efeitos dessa degradação de energia, adoptando um estilo de vida próprio no respeito pela Natureza.

A consciência actual das Leis da Termodinâmica e as suas aplicações aos fenómenos correntes do desperdício e da desordem no Planeta, obriga a Ciência e a Técnica a ponderarem as acções a tomar no sentido do equilíbrio dos Recursos Naturais disponíveis, tendo em consideração a **irreversibilidade na desordem da matéria e das energias utilizadas**, que são decorrentes do chamado progresso industrial.

A grande questão a resolver actualmente é a de levar a Ciência "*lato sensu*" a entender e aceitar, as consequências da 2ª Lei da Termodinâmica no uso e abuso dos Recursos Naturais e nas consequências previsíveis sobre a sustentabilidade da vida Humana.

A relação da 2ª Lei da Termodinâmica com a Cosmologia

Terá a 2ª Lei da Termodinâmica algo a ver com a Cosmologia e, se a resposta é afirmativa, tem este assunto algo a ver com a presença ecologicamente equilibrada dos Ecossistemas Naturais no Planeta Terra?

Estas questões foram colocadas em 1854 por Benjamim Thompson em tempo histórico do aparecimento da teoria que relacionava os fenómenos do Cosmos com a 2ª Lei da Termodinâmica. De acordo com este pensamento, Thompson admitia que o Planeta Terra devia ter sido inabitado por um vasto período da sua história por razões de não habitabilidade. Teria sido o Planeta um lugar sem condições próprias para o ser vivo, o que mais tarde viria a verificar-se favoravelmente. Dois anos após a revelação de Benjamim Thompson, Helmoltz tornou esta teoria válida, relacionando de forma inequívoca os fenómenos cosmológicos com a 2ª Lei da Termodinâmica. Para este pensador, o Universo iria inevitavelmente aumentar no seu conteúdo Entrópico até que toda a Energia útil disponível no Planeta chegasse ao seu *terminus*, não havendo assim lugar para mais trabalho realizado. Seria esta a eterna paragem da vida sobre o Planeta Terra. Hoje, dentro das teorias da origem do Universo, a geralmente mais aceite é a do *"big bang"*. Canon Lemaître afirmou que deste fenómeno resultara uma explosão de tremendas quantidades energéticas e de extrema densidade, tal que se foi expandindo por todo o espaço, perdendo densidade e formando galáxias, estrelas e planetas. A densidade da energia assim emanada daria lugar no futuro a cada vez mais difusas formas de energia aumentando assim a Entropia no Universo. Desta teoria se poderá então inferir a conformidade das hipóteses universais do *"big bang"* com a 1ª e 2ª Leis da Termodinâmica. O Universo teria tido origem num estado de completa "ordem", e evoluindo no sentido da Entropia máxima, quando esgotada a energia útil, chegará ao fim da sua capacidade de resposta às condições de sobrevivência da espécie Humana. O paradigma de vida das Sociedades actuais não aceita e por conseguinte não contempla esta teoria. De facto, aceita-se que a 2ª Lei da Termodinâmica é verdadeira e se aplica aos fenómenos da vida real no Planeta mas que a sabedoria e o conhecimento dos seus "colonizadores" tudo farão para inverter a situação do caos e a catástrofe universal que entretanto vai caminhando cada vez mais para o inevitável. Neste sentido, apareceu por volta de 1948 uma outra teoria promovida por Back, F. Hoyle, T. Gold e H. Bondi, sugerindo que, embora o Universo se possa expandir de acordo com a teoria *"big bang"*, o máximo valor Entrópico nunca será atingido devido à possibilidade de recuperação e compensação da energia perdida (Entropia) e, através da reposição desta energia, o Universo subsistirá num contínuo eterno já que no cosmos novas galáxias se formarão a expensas da explosão de outras, e assim sucessivamente. Durante o século XX outras teorias apareceram tentando relacionar com precisão a 2ª Lei da Termodinâmica com a Cosmologia, algumas delas no entanto não contrariando o princípio da caminhada irreversível para o máximo de Entropia no Universo. Neste sentido, a teoria cíclica e reversível formula que o Universo está para sempre sujeito a fases de expansão e contracção com duração perpétua. Assim sendo, o *"big bang"* seria apenas o começo de algo que continua em cadeia de duração infinita.

No presente a teoria cíclica é algo pouco sólido e altamente especulativo. Não existem experiências que confirmem ou rejeitem esta teoria. De momento poderá afirmar-se que no Universo, no relativamente pequeno Sistema Solar e particularmente no Planeta Terra, as Leis da Termodinâmica ocupam posição suprema na explicação da não perpetualidade dos Recursos Energéticos Naturais.

A Tecnologia como esperança da Humanidade e a compensação dos fenómenos destruidores de origem antropogénica

A tecnologia como **agente de transformação** dos Recursos Naturais em *energia disponível e trabalho* tem desempenhado um papel vital e acelerador do crescimento económico, sobretudo desde os princípios do século passado, e com implicação avassaladora na vida das populações desde o fim da 2ª Guerra Mundial. Não só os modos de vida das populações foram radicalmente transformados como se verificou desde essa data uma verdadeira explosão populacional no Ocidente e em geral por todo o Planeta. Causa estranheza e perplexidade ao leitor mais atento às "ilhas de ordem" que esta evolução tecnológica venha criando ao nível das infra-estruturas urbanas, agrícolas e industriais, enquanto em simultâneo se vão criando "oceanos de desordem", perante a total ou parcial impotência dessa mesma grandeza tecnológica. O mesmo raciocínio, linear, levará à conclusão que esta mesma evolução tem provocado por todo o lado e a uma escala abrangente e destruidora dos Ecossistemas sérias implicações na cadeia alimentar e consequentemente na saúde em geral, no convívio entre pessoas, no clima global, na vida aquática e terrestre, e no ambiente em sentido lato ... em suma: todas as "ilhas de ordem" que aparentemente nos indicam progresso Humano poderão não compensar a desordem e o caos ecológico que se avizinha.

Parece irónico que a tecnologia ao tornar-se mais sofisticada e complexa se tenha tornado também em inimiga da Natureza. Ao acelerar o consumo dos seus Recursos Energéticos, não-Renováveis num tempo de vida humana, a evolução tecnológica tem de facto contribuído para ritmos de vida anti-naturais e portanto, de duvidosa sustentabilidade futura. **A verdade é que a Energia nunca *cria* Energia, contrariando aquilo que**

possa parecer de imediato. O conteúdo energético dos combustíveis não *cria* trabalho nas viaturas ou nas máquinas em geral, apenas se *transforma* em trabalho mecânico com um relativamente baixo rendimento técnico. Do mesmo modo, a Energia Eléctrica não *cria* Energia Térmica nos equipamentos de aquecimento dos espaços, apenas se *transforma* energia de um tipo noutro com relativo baixo valor de rendimento técnico. Todos estes processos são realizados a expensas dos Recursos Naturais geralmente não-Renováveis em tempo de vida humana, na sua esmagadora proporção.

Quanto mais potente e complexa a tecnologia aplicada num processo de transformação Energia–Trabalho, maior é o rácio consumo/tempo dos Recursos Energéticos aplicados. O efeito acelerador dos modernos e potentes meios tecnológicos implica necessariamente o contínuo e rápido esgotamento das Energias não-Renováveis. As operações que se desenvolvem neste processo de transformação obedecem necessariamente às Leis da Termodinâmica, que se poderão enunciar do modo mais simples:

> 1ª Lei – *"Toda a Energia no Planeta se manterá constante". Esta não pode ser criada nem destruída mas somente transformada de um estado noutro.*
>
> 2ª Lei – *A transformação de Energia é sempre realizada a partir de uma forma disponível para outra forma dissipada, ou seja de uma forma ordenada para outra irreversivelmente desordenada.*

A tecnologia neste processo serve apenas de **agente transformador**, o que parece contraditório com a generalizada ideia de que a tecnologia vem resolver os problemas ambientais/ecológicos com que a humanidade actualmente se debate. Mais, que o acelerado avanço tecnológico, pelo menos nos termos em que se está desenvolvendo, vem libertar o ser Humano do trabalho mais físico e árduo conduzindo-o a uma vida cada vez mais fácil. **Efémera ilusão!** Se por um lado a vida poderá parecer mais fácil nos aspectos físico/braçal, o que é verdade, por outro lado, a Humanidade vai tendo que enfrentar cada vez mais uma complexa realidade económica e ambiental em crescendo mais difícil de gerir, infelizmente para todos. A vida não é um *"sistema fechado"*. Os seres humanos como quaisquer outros seres só podem sobreviver através de uma interacção harmónica com a Natureza. Sem um contínuo e permanente fluxo energético natural no Ambiente que nos circunda, a vida é impossível. As tecnologias tornam-nos mais dependentes da Natureza do que geralmente se pensa. Na medida em que pedimos *"mais e mais"* dos Recursos Naturais, tornamo--nos obviamente *"cada vez mais"* dependentes da Natureza, colocando as vidas humanas nas contingências naturais de um Planeta que todos os dias ofendemos ou destruímos em crescendo.

Tal como Orwell em 1984 citava que a sociedade se conduzia como que se a *"guerra fosse paz e as mentiras quase verdades"*, também a Humanidade dos nossos dias parece acreditar, e assim conduzir-se, **como se a desordem seja ordem e o trabalho qualquer coisa de perpétuo que nunca irá, portanto, terminar**.

O pensamento Humano actual sobre estes temas vai ainda mais longe, acreditando que as tecnologias tudo resolvem. Contra alguns violentos ataques à saúde por motivos ambientais, o Homem actual imagina que terá a seu favor o desenvolvimento da Engenharia Genética ou da Biologia Molecular. Para o cidadão comum actual nada pode parar aquilo a que chama de **desenvolvimento tecnológico acelerado** e que este lhe trará segundo pensa, **cada vez mais riqueza e bem-estar com cada vez menos esforço**. Este é o paraíso sonhado **"graças a Deus e à tecnologia divina"**!

No início do século XXI, é o paradigma do **mais com menos** que prevalece nas Sociedades Industrializadas (e em vias de). Continua-se a pensar de um modo ficcionado que tudo irá pelo seguro e pela protecção, em caso de ocorrerem desvios naturais, mesmo quando nos apercebemos que estamos expostos aos maiores perigos ambientais. A remoção deste paradigma de vida, sobretudo no Mundo Ocidental parece ser de momento uma tarefa de execução difícil ou impossível. **Por tudo isto, às Sociedades e suas estruturas com maiores responsabilidades políticas e sociais, estão geralmente lançados desafios à competência e ao trabalho correctivo nos modos de pensar e agir, sem precedentes na História da Humanidade.**

Custos externos do paradigma actual Homem-Máquina e a induzida vitimização das populações

Se perguntarmos a um político com responsabilidades de topo na gestão de um país ou região Ocidental, quais são os problemas que mais o preocupam, a probabilidade é elevadíssima de que a resposta venha nos seguintes termos: *a economia, o desemprego, o envelhecimento das populações, a segurança social e o combate à pobreza.* Em suma: "temos de crescer para fazer face a tudo isto". Por estranho que pareça as questões energéticas e ambientais não aparecem, pelo menos no sentido efectivo da acção imediata, no principal cenário das suas preocupações e pensa-se que o racional deste facto tem duas formas: a ignorância por um lado e o paradigma da sua própria vida e dos seus ascendentes e amigos, que irremediavelmente traz consigo próprio, por outro. E assim vai a dependência das populações que confiando nas resoluções a nível de topo, estão sendo encaminhadas para um "beco sem saída" no que diz respeito à Economia do seu próprio país e das condições Ambiente/Sanitárias e consequentemente da Saúde Pública em que vivem, sempre como resultado da boa ou má gestão dos Recursos Naturais. São de facto os Recursos Naturais, os pilares mais sólidos da vida Humana.

A Energia não-Renovável, se por um lado é erróneo dizer-se que se esgotará dentro de 20 ou 30 anos, já não será um erro grosseiro afirmar--se que os custos deste bem que tem afectação a tudo o que o Homem tem acesso, atingirá preços proibitivos dentro de uns escassos 10 a 20 anos. Mais adiante se descreverá o que a solução das Energias Renováveis **pode** e **não pode** compensar no actual paradigma de vida do "*quanto mais melhor*". Em termos do ambiente físico em que vivemos, o cenário está muito longe de ser promissor de uma vida humana futura fisiológica e mentalmente equilibrada para as populações. Actualmente o principal factor de degradação ambiental está relacionado com os consumos energéticos não-Renováveis. O Homem actuando no Planeta ao nível da Biosfera, está por um lado provocando e por outro sujeito a crescentes e contínuas tensões ambientais oriundas da Atmosfera, Hidrosfera e Litosfera sem precedentes na sua história.

Na **Atmosfera**, as Sociedades estão carregando, principalmente, com as descargas das chaminés industriais e escapes das viaturas automóvel no respeitante a emissões CO, CO_2 e NO_x em proporções que obviamente não poderão suportar por muito mais tempo. Paralelamente aos poluentes químicos e biológicos, as populações, sobretudo nos centros urbanos, estão sujeitas a cada vez maiores níveis de ruído que se projectam para a área da saúde, acumulando problemas a resolver de enormes dimensões.

Na **Hidrosfera**, é bom recordarmos a importância que tem na cadeia alimentar a fauna marítima cada vez mais afectada pelas descargas líquidas que são oriundas, primeiro dos rios via métodos de produção agrícola "*modernos e sofisticados*", depois das descargas líquidas urbanas cada vez mais complexas quimicamente e portanto onerosas no tratamento. Os diferentes produtos que diariamente são usados e só parcialmente metabolizados pelos humanos, em especial os fármacos, estão causando enormes problemas quer na sua tentada neutralização quer nos custos das tecnologias para o efeito.

Os mais pragmáticos dirão que todos estes problemas são ultrapassados pelas potentíssimas e "*milagrosas*" tecnologias hoje disponíveis. Resta-nos só questionar quem e como se vai pagar por todos estes custos adicionais e crescentes na evolução temporal.

Por último na **Litosfera**, o problema mais gravoso é sem dúvida o da deterioração da vida biológica dos solos aráveis, provocada por materiais fertilizantes e pesticidas sintéticos de cujas implicações na metabolização das plantas e daí na alimentação humana pouco se sabe. A Medicina, e em particular a Medicina preventiva relacionada com o Ambiente(*)', cuja especialidade é actualmente apenas privilégio, em geral, dos países ricos, não poderá ter resultados imediatos sobre os milhares de fitofármacos introduzidos anualmente na Agricultura. Os resultados destes produtos com afectação à saúde pública são com razoabilidade conhecidos 10 anos depois da sua aplicação.

(*)' – Actualmente só em países industrialmente desenvolvidos existe a Clínica de Medicina Ambiental (Environmental Medicine).

Há cerca de 30 anos atrás seria difícil entender que a evolução tecnológica, vindo por um lado facilitar o trabalho humano, criando em simultâneo, temporariamente, "*ilhas de ordem*" no ambiente físico circundante, viesse por outro lado dar lugar à criação de grandes "*oceanos de desordem*", numa escala hoje constatada, em vastas áreas dos Ecossistemas. Não fora esta grande verdade que todos podem presenciar, a 2ª Lei da Termodinâmica seria contrariada pela própria evolução tecnológica, isto é, que a aceleração da tecnologia levaria a mais "ordem". Com efeito, a cada vez maior substituição da intervenção humana pela máquina, estão implicados cada vez maiores consumos energéticos e consequentemente mais degradação energética e aumento de Entropia no Planeta. Confirma-se por esta via simples, que a evolução tecnológica acelerada, com todos os méritos que lhe são reconhecidos, não vem resolver por si a questão de fundo da Humanidade – isto é, a de evitar a delapidação irreversível dos Recursos Naturais. Pelo contrário, **o desenvolvimento das tecnologias aos ritmos actuais vem acelerar os processos que conduzem a um rápido fim dos Recursos Naturais**, pelo menos do ponto de vista da sua exploração a preços suportáveis pelas populações.

Todas as culturas através da História têm usado, a seu modo, processos tecnológicos para sobreviver, sem contudo experimentarem consequências catastróficas.

A sociedade actual, de crescimento populacional sem precedente, com extrema dependência tecnológica, enfrenta desafios correctivos com soluções muito díspares das verificadas no passado. A continuidade da espécie humana no Planeta está seguramente condicionada a formas inteligentes no uso e na racionalização dos Recursos Naturais na sua globalidade, onde por certo, os meios tecnológicos modernos serão, neste sentido, indispensáveis quando colocados ao serviço da preservação dos Ecossistemas e do seu equilíbrio natural.

A diferença entre o passado e os dias que vivemos no início de século XXI, é abissal sobretudo no que concerne a paradigmas de vida. Antes da Era Industrial as técnicas e tecnologias eram limitadas e usadas como instrumento de auxílio em tarefas definidas. Actualmente, a modernidade tecnológica é usada como meio de organização das vidas humanas em todas as suas actividades. Hoje, pode dizer-se que existe uma dependência total do Homem em relação às tecnologias ao seu dispor. **Neste estilo de vida, as sociedades desenvolvem um processo sem precedentes de delapidação dos recursos energéticos em simultâneo com a**

devolução à Natureza de cada vez mais energia e matérias irreversivelmente degradadas. Este facto implica cada vez maiores custos de tratamento do ar, das águas, da cadeia alimentar e consequentemente na saúde. São estes alguns factos infelizmente ainda ignorados por vastas camadas das populações.

Poderão as sociedades, dentro de duas décadas, suportar tais custos? Assiste-se cada vez mais a reclamações ambientais com rejeições de processos de tratamentos de resíduos líquidos, sólidos e gasosos. Assiste-se a catástrofes ecológicas de cada vez maiores dimensões, muitas vezes com apressados pedidos de desculpa das entidades públicas e privadas sobre estes acontecimentos. Não há dúvidas quanto à dependência das sociedades em relação à tecnologia e das implicações futuras desta dependência. Ironicamente os maiores perigos ambientais e de agressão contra os Ecossistemas vêm dos países industrialmente mais desenvolvidos. Esta é a irrefutável prova de impotência das tecnologias avançadas em resolver todos os problemas da Humanidade.

O processo global que tem conduzido ao aumento da complexidade dos problemas sociais, com origem no aumento da Entropia no Planeta implicando não só desordem física mas também instabilidade social, tem recentemente dado início a um processo evolutivo de ritmo exponencial com incertezas quanto à vida futura das populações que, certamente está causando apreensão aos mais esclarecidos nestas áreas do conhecimento. A exponenciabilidade, sendo a representação matemática de uma qualquer evolução de "rápida multiplicação", é de facto um aviso sério à Humanidade de que o nosso paradigma de vida no "*Mundo Ocidental*", estará errado no sentido da manutenção no Planeta por tempo indeterminado.

Valores das Sociedades Entrópicas e o papel disciplinador e moderador das Instituições

O significado político atribuído ao *paradigma de vida ecológico* o qual é definitivamente condição necessária à preservação da espécie Humana no Planeta, é determinante na motivação das Sociedades para um verdadeiro progresso social, no sentido da obtenção de melhor sanidade humana individual e colectiva e que reflicta assim, de modo progressivo, uma maneira de estar na vida de verdadeiro progresso à escala Humana.

Deveriam os Gestores responsáveis das Sociedades nos mais elevados cargos entender que só a partir do debate *associativismo versus individualismo, concorrência versus mutualismo, autoridade e disciplina versus igualdade na anarquia*, se conseguirão atingir directivas com eficiência bastante para os caminhos a seguir. Esses caminhos serão os da mudança de paradigma de vida das Sociedades principalmente aquelas consideradas industrialmente desenvolvidas ou em vias disso. Nestas zonas do Planeta, é cada vez mais emergente a Ecologia como uma disciplina científica prioritária para ser ensinada e discutida a todos os níveis do Ensino. Nas Sociedades de cultura marcadamente Entrópica (principalmente nas sociedades denominadas Ocidentais) o propósito mais acentuado de vida é o do recurso a crescentes fluxos energéticos capazes de "*criar*" cada vez mais riqueza material para a satisfação de todos os possíveis prazeres da vida. Só o presente conta nesta corrida, sendo o futuro próximo e longínquo algo que só superficialmente é abordado neste paradigma, de uma forma geral.

Os valores humanos mais materialistas, servindo-se dos Recursos Naturais de modo a conseguir os seus objectivos, procuram criar para proveito próprio e sem desfalecimento, algo semelhante ao "*Céu na Terra*", produzindo de facto actos de colonização desenfreada do Planeta, nunca se conhecendo ou intencionalmente ignorando todos os efeitos que das devastadoras acções decorrem.

No dia-a-dia as experiências de vida indicam-nos uma verdade há muito conhecida dos Biólogos, isto é, a de que qualquer organismo não poderá sobreviver num meio por ele próprio delapidado ou degradado. Não parecem viáveis os tipos de soluções hoje encontradas para a remediação dos "males" que afectam as populações sem plena consciência do estado cada vez mais entrópico e caótico em que se encontram os Ecossistemas Naturais. As tensões ambientais que se vivem por toda a parte do Planeta castigando de forma sem precedentes a saúde e bem-estar humano, com previsões futuras mais ou menos catastróficas, deve ser objecto da máxima prioridade de todas as Instituições no sentido da implementação progressiva de **novos paradigmas de vida**. A estrutura social do chamado "Ocidente" estabelecida como está no paradigma do máximo fluxo energético para satisfação dos belos prazeres da vida não se afigura sustentável. Por si só, a procura de novas tecnologias actuando como agentes transformadores, rápidos e incessantes, dos Recursos Energéticos Naturais para a criação de mais e mais riqueza, ou da procura de deslocações com super velocidades não serão nunca soluções com sustentabilidade no futuro para a Humanidade. Outros valores e outros paradigmas se terão de impor durante as próximas décadas para garantirmos um Planeta com habitabilidade bastante. Esta é sem dúvida a batalha mais difícil para todas as áreas da gestão social: política, económica, e sociológica com a intervenção indispensável de outras vastas áreas científicas e profissionais as quais terão pela frente o "realinhamento" de mentalidades convergindo num princípio pedagógico que *"quando mais temos menos possuímos"*, ou como dizia **Mahatma Gandhi**: *"A essência das civilizações deve consistir, não na multiplicação dos bens materiais mas sim na sua deliberada e voluntária renúncia em favor de bens espirituais"*. Em suma: **Suficiência basta quando os recursos são limitados!**

Numa nova cultura de "baixa Entropia" o indivíduo deve ser capaz de viver na suficiência de meios.

O consumo pelo consumo deve ser visto como um privilégio não essencial à satisfação da necessidade seja ela material, biológica ou outra. As grandes produções e os grandes produtores só serão necessários enquanto existirem grandes consumos e consumidores. Ninguém no mundo "Ocidental" ignora o desperdício quotidiano produzido a favor do nada e inclementemente contra os Ecossistemas e a Saúde Pública. **É a 2ª Lei da Termodinâmica que o justifica**. A grande diferença entre uma Sociedade que se move pela "Alta Entropia" e pela "Baixa Entropia" está, no entendimento de cada um dos diferentes conceitos sobre o trabalho e sobre a produção. No caso da Sociedade que se move pela "Alta Entropia", o trabalho não tem tanto valor real positivo como é aparente ao considerar-se tudo o que ao Ambiente diz respeito. Parecendo ambígua esta definição sobre o trabalho, que todos respeitamos, significa no contexto que o objectivo dentro do paradigma actual sendo o de usar cada vez mais energia em substituição ou eliminação do trabalho humano pela máquina, automatizando cada vez mais até se encontrar uma forma de redução drástica da empregabilidade humana, contribui largamente para a degradação ambiental. **A corrida acelerada às tecnologias de substituição da mão de obra leva sem dúvida ao aumento acelerado dos consumos energéticos com as consequências explicadas no 2.º Princípio da Termodinâmica, isto é, o imparável aumento de Entropia no Planeta e a consequente degradação dos Ecossistemas.**

Os métodos e processos modernos no paradigma do desenvolvimento Ocidental estão simplificando a mão-de-obra a níveis sem precedentes, não obstante a oferta de trabalho estar aumentando de forma nunca antes verificada. Assim, o trabalho humano, sobretudo o trabalho físico é algo em "onda decrescente" e para evitar sempre que possível... é a economia dos recursos que conta... só a máquina verdadeiramente interessa. Pelas eminentes consequências, este será sem dúvida um dos mais sérios problemas a resolver nas próximas décadas.

Num novo paradigma de vida, o que se pensa, por outro lado, é que o trabalho deva ser entendido sempre como uma actividade necessária ao próprio "*balanço*" psíquico do indivíduo paralelamente à obtenção dos recursos essenciais à sua subsistência. Sem o trabalho criativo o Homem sente-se incompleto, desalentado e recipiente de um vazio sem limites. Para as populações que no seu dia-a-dia vão perdendo cada vez mais os seus trabalhos, amiúde não se apercebem que é o próprio paradigma de vida em que são educados e instruídos que provoca estas situações. É a Empresa onde se trabalha, que vendo apenas como objectivo o aumento da **produção e da produtividade**, procurando a substituição do Homem pela máquina, que cria a situação. E esta é amiúde criada pela competitividade que, por sua vez tem a sua origem nos consumos exacerbados e inconsequentes, apoiados nos egocêntricos e generalizados circuitos comerciais bem publicitados. Neste paradigma de vida reinante, as regras de conduta social são ditadas e de tal modo inculcadas, que enraízam e entroncam nas culturas vínculos que só as grandes causas, necessidades e preocupações podem remover. Nos nossos dias, os países industrializados, particularmente os EUA e os Estados Europeus propõem-se enfrentar por um lado e evitar por outro as questões relacionadas com o caos ecológico, sabendo-o previsível a curto prazo. Entretanto, vão actuando nos seguintes *"mecanismos"*:

1) Redução dos Consumos Energéticos actuando do lado da procura em mecanismos técnicos, administrativos e regulamentares para o efeito.
2) Aumento da Eficiência das Tecnologias aplicáveis às Energias Renováveis.
3) Aumento da Eficiência na Produção, Transmissão e Distribuição da Energia Eléctrica e nos Equipamentos e Sistemas consumidores.
4) Redução, através de mecanismos próprios, das emissões de gases poluentes principalmente os de efeito de estufa.
5) Regulação e actuacção sobre a poluição dos mares e oceanos.

Apesar de todos estes esforços, ainda é pouco visível a intervenção pedagógica para um novo e necessário paradigma de vida das populações, que lhes permita melhor entender e actuar sobre a Natureza para viverem no futuro de uma forma mais digna e sustentável.

Embora na actualidade se promovam quer nos EUA quer na U.E. algumas acções essenciais de ordem pedagógica sobre a importância e a necessidade de uma nova Educação Ecológica e Ambiental no sentido de dotar as Sociedades de um novo saber, o *"Homo Ambientalis"*, transmitindo-lhe o conhecimento e preparando-o num contexto proactivo para a defesa do seu próprio habitat, tudo isto não dispensará a intervenção dos responsáveis políticos e sociais com novas e mais determinadas acções de carácter persuasivo e eficaz, levando ao cumprimento de regras que satisfaçam o necessário imperativo do novo paradigma.

Analisemos sumariamente: **Ponto n.º 1 – Redução dos Consumos Energéticos**. Esta medida é contrariada pelo impulso reinante nestas zonas do Planeta que é a de **Produzir** mais, **Exportar** mais, **Crescer** mais e mais **Rápido**. Não haverá assim qualquer hipótese de se consumir menos Recursos Naturais, Energéticos e outros com as metas e objectivos traçados, porque toda a concentração de esforços é dirigida à produção de mais riqueza. Pergunta-se então: **Produzir** mais, **Crescer** mais e mais rápido para quê e para quem?... e se as populações uma vez adoptando outro paradigma de vida menos consumista se propusessem reduzir os bens de consumo ao essencial? De que quantidades de bens necessitariam? Por outro lado, a corrida às tecnologias aplicáveis aos Recursos Energéticos Renováveis seguirá, nos próximos anos, no cumprimento dos Programas dos EUA e da U. E., ritmos cada vez mais acelerados. Esta será uma medida positiva embora as populações devam ser melhor informadas das implicações económicas destas medidas e também das *limitações das potências geradas* por estes equipamentos. Num país da U. E. como Portugal, onde a Energia Eléctrica representa apenas 20% do total dos consumos, as soluções renováveis, embora positivas enquanto produtoras de energias não poluentes, encontram sempre limitações na suficiência energética a preços económicos. As tecnologias aplicáveis às Energias Renováveis para a produção de Energia Eléctrica serão indubitavelmente pagas pelo consumidor no presente e no futuro.

Ponto n.° 2 – Aumentar a eficiência técnica com rendibilidade económica das tecnologias aplicáveis às Energias Renováveis: Para o cumprimento deste processo é necessária a fabricação em série (*"mass production"*), implicando em simultâneo intensificar a sua aplicação como por exemplo, painéis solares para abastecimento de águas sanitárias e de aquecimento de espaços ocupados, painéis fotovoltaicos para aplicação diversificada em Edifícios e Habitações, na Agricultura e nos Transportes, como também mais equipamentos de transformação Biomassa/Energia para aplicação nas próprias Indústrias Agro-Alimentares. A Energia Eólica é das Energias Renováveis a que está com maior vulto no cômputo geral das potências eléctricas geradas de génese renovável na UE. Este tipo de produção energética poderá representar no futuro, ao nível dos respectivos países, em média, não mais do que 20% do total das necessidades energéticas globais dos Europeus. Tudo isto porque há limitação económica nestas aplicações. As populações devem no entanto ser melhor informadas sobre os investimentos globais realizados com esta e outras formas de produção energética não-Renovável e sobre os custos futuros no consumidor daí derivados.

Embora esteja tecnicamente determinado que estes equipamentos podem funcionar em condições de fiabilidade aceitáveis, a sua *"mass production"* (produção série) só será viável quando o público as absorver em quantidades suficientes. E para que esta condição seja possível é necessária a fabricação em série a preços concorrenciais com os custos de operação dos tipos clássicos de equipamentos aplicáveis às Energias não-Renováveis. Este é um ciclo com implicações biunívocas cujo fim, só os estímulos estatais (e portanto com fundos públicos) podem desbloquear. Por fim para que se possam produzir em série estes equipamentos são necessárias quantidades apreciáveis de Energia Renovável e não-Renovável.

Em qualquer caso o desenvolvimento das tecnologias aplicáveis à captação das Energias Renováveis deve ser encorajado, **sempre de modo contido por razões económicas, a bem das populações contribuintes dos respectivos Estados**. A razão desta asserção é a de que, qualquer das citadas tecnologias Renováveis, por melhor que seja a sua eficiência técnica, não poderá ultrapassar em qualquer condição climatológica os valores que medeiam 30 – 40%, enquanto os seus custos de investimento inicial continuam muito elevados comparativamente aos equipamentos clássicos de igual potência. O retorno ao **capital** investido está entre os 10 – 15 anos para as Tecnologias Eólicas e entre os 15 – 40 anos para os investimentos Solares Passivos, Biomássicos e Fotovoltaicos, respectivamente. Se compararmos os valores temporais de retorno ao capital investido com o *"Present Value of Money"* (valor actual do dinheiro) levado correntemente em consideração nos circuitos financeiros, chega-se facilmente à conclusão de que estas louváveis experiências de indiscutível benefício ambiental trazem um custo real elevado para as Sociedades.

Ponto n.º 3 – Aumentar a Eficiência das Centrais Produtoras de Energia Eléctrica: Este é sem dúvida, quer do ponto de vista económico, quer em resultados na redução dos consumos energéticos e consequentemente na melhoria das emissões atmosféricas, a medida mais viável e rentável. É de salientar no entanto que com estas medidas não se poderão esperar valores no aumento médio de **eficiência global** superiores ao intervalo de 5 a 8%, dependendo das condições actuais caso a caso dos equipamentos e sistemas e também do investimento de capital necessário para o efeito. O princípio de *"diminishing returns"* aplica-se a este tipo de investimento de capital, isto é, existem limites acima dos quais este investimento de capital para o aumento dos níveis de eficiência deixa de ser rentável. É óbvio que não serão estas medidas ainda as suficientes para tranquilizar o cidadão mais atento ao que se vem passando no Continente Europeu no domínio da Energia e do Ambiente físico em que está inserido e sobretudo na qualidade de vida em geral daí resultante. As questões do habitat actual das populações apresentam-se com uma eminente necessidade de mais reflexão, e sobretudo, de mais acção em medidas concretas. Uma nova atitude ao nível dos grupos sociais que se insira num novo paradigma de vida... o paradigma da "Baixa Entropia" ou do "Homo Ambientalis", será, isso sim, determinante para corrigir os presentes desvios das sociedades actuais em relação aos Ecossistemas.

O funcionamento da Economia
em tempo de alta Entropia Ambiental

Os segmentos da Sociedade mais atentos aos fenómenos Ambientais da actualidade e em particular os Ambientalistas, estão conscientes do tempo de "viragem" que vivemos e da necessidade de um novo paradigma de vida que nos permita uma habitabilidade digna no Planeta num futuro próximo e longínquo.

Trezentos anos após o início efectivo do paradigma Homem--Máquina, a Humanidade chegou indubitavelmente ao ponto de "viragem", para outra forma de viver e de estar. A "corrida" incessante da Humanidade no sentido do "**quanto mais melhor**" conotado com a obtenção exacerbada de bens materiais, estabelece progressivamente condições para a desordem e o caos no Planeta. Os mais cépticos e paradigmáticos dirão que será por demais alarmista esta afirmação, pois haverá sempre modos de contornar este cenário, aparentemente de veloz caminhada para o caos. E no entanto os factos indicam concreta evidência aos mais atentos. Se não houver uma autêntica viragem de atitude nas populações Ocidentais quanto ao **uso** e **abuso** dos Recursos Naturais, incluindo os Recursos Energéticos, abre-se caminho a uma nova e quiçá trágica realidade.... a acentuada carência de empregos, de saúde pública e de debilidade económica aterradora. Será para isso necessário, apenas algumas escassas décadas.

De facto, a cada fase temporal dos crescentes fluxos energéticos corresponde, embora com todas as suas implicações na produção de riqueza, a desordem ambiental cumulativa, com óbvias consequências económicas e sociais. O binómio Energia-Ambiente apresenta-se como um fenómeno cíclico de implicação económica biunívoca. Não será necessário ser-se especialista em matérias Energéticas ou Económicas para entender este processo: a um consumo exacerbado de Recursos Naturais e em particular os energéticos, corresponderá sempre uma acentuada degradação dos Ecossistemas, os quais necessitam, para sua contínua regeneração de adicionais consumos energéticos. Na actualidade o índice de inflação sobre o cabaz essencial à subsistência das populações está, sem precedentes, e paralelamente à especulação egocentrista, correlacionado com a delapidação acelerada dos Recursos Naturais, particularmente dos Recursos Energéticos não-Renováveis. À medida que os custos de exploração destes recursos vão sendo cada vez mais elevados, pela simples razão de princípio económico, *"the easiest is the first"* (extrair primeiro os recursos a preços menos elevados), é assim uma certeza de que estes Recursos terão num futuro próximo um valor cada vez mais elevado. **Não poderá existir qualquer dúvida de que os preços da Energia não-Renovável aumentarão com o tempo**. A desordem ambiental e os consequentes custos de reparação dos Ecossistemas que se vêm manifestando desde um passado recente, adicionam-se aos crescentes preços da energia, aumentando assim, sem precedentes, os custos de vida às populações nas suas necessidades mais vitais. Estes são os factos que só muito dificilmente poderão ser contrariados.

Os índices de inflação entrarão em espiral cada vez mais acelerada à medida que os Recursos Naturais, e particularmente os Energéticos não-Renováveis, vão sendo rapidamente delapidados ao ponto de não ser suportável a sua aquisição pelas populações. A razão desta espiral é simples: São necessários cada vez mais recursos monetários para as futuras explorações destes Recursos Energéticos por necessitarem cada vez mais de potentes e sofisticadas instalações tecnológicas nas operações extractivas. Os consequentes impactes ambientais e custos associados na reparação dos Ecossistemas a montante e a jusante do consumo, constituem ónus adicionais aos quais as populações terão de fazer face com crescentes dificuldades.

Para se poder ter ideia mais precisa na evolução dos custos resultantes da exploração do petróleo bruto, Barry Commoner, especialista Norte-Americano nesta matéria, afirma:

Em 1960 por cada US$ investido na exploração, 2259 MJ equivalente de energia era produzida.

Em 1970 por cada US$ de investimento na exploração produziu-se 2160 MJ equivalente.

Em 1973 (apenas 3 anos depois) por cada US$ investido produziu-se a quantidade de 1845 MJ de energia equivalente. Números homólogos na actualidade são de difícil comparação devido à grande instabilidade civil e militar nas zonas de exploração de petróleo. Prevê-se que nas duas próximas dezenas de anos os custos de exploração, das Energias não-Renováveis associado aos custos do tratamento ambiental implicados, tornar--se-ão não suportáveis pelas populações, o que pode significar na prática o fim da exploração do petróleo bruto. Uma vez constatado este facto, as Economias Mundiais terão de ajustar-se a uma nova realidade, funcionando num Ambiente Social cada vez mais na base de um paradigma de vida de Baixa Entropia ou, como opção, sob o uso generalizado da Energia Nuclear como base de produção energética a qual, com o recurso complementar do carvão mineral e das energias renováveis, preencherá as necessidades das populações. A viragem generalizada Petróleo mais Carvão para Carvão mais Energia Nuclear como bases energéticas não será de fácil implementação por razões sociais, sobretudo na oposição à generalizada aplicação da Energia Nuclear, como se descreverá no Capítulo seguinte.

No actual paradigma de vida, as famílias nos países desenvolvidos, ou em vias, despendem directa ou indirectamente dos preços da energia em proporções de 12 a 15% dos seus rendimentos líquidos. Os aumentos de preços do petróleo de 2000 a 2004 implicaram *"per si"* uma redução de poder de compra para as populações de entre 1,5 e 2,0%/ano. No caso da cadeia alimentar, que por si só representa 25 a 30% do orçamento familiar, o aumento dos preços energéticos neste período teve como consequência uma inflação específica de entre 3 a 5%/ano. Toda a actividade Económica dos países industrializados está fortemente dependente das Energias não-Renováveis. Com índices de natalidade crescentes embora a ritmos moderados, em alguns países ocidentais, exigindo cada um mais e mais conforto e bem-estar, toda a conjuntura económica e social a funcionar no paradigma de vida actual só por "verdadeiro milagre" pode levar a qualquer prosperidade social num futuro próximo. A falta de entendimento (ou intencional ignorância) quanto à correlação existente entre a 2ª Lei da Termodinâmica e as actuais Actividades Económicas dos países Ocidentais e consequentes condições de vida das populações, leva a direccionar a Gestão Global dos Recursos e as Produções para o exacerbado consumismo, podendo conduzir a médio termo os países Industrializados, e em vias disso, à incapacidade total de Gestão Social. Os valores Entrópicos atingidos poderão tornar-se incontroláveis não só nos Ecossistemas físicos como também na sua mais directa consequência, isto é, na própria conduta social das populações.

A falta de consenso na acção correctiva sobre o amplo e cada vez mais complexo contexto Energético e Ambiental, onde as Actividades Económicas se desenvolvem, trará como consequência a incapacidade das Teorias Económicas em resolver os principais problemas dos países nas áreas Económica, Financeira e Social. No estabelecimento de um orçamento global é entendido como princípio base, que as Sociedades não poderão consumir mais rápido do que a Natureza pode produzir. E, sabe-se que não é geralmente neste *"sagrado princípio"* que **os orçamentos** dos Estados são estabelecidos. Os Ecossistemas Naturais operam numa harmonia próxima do equilíbrio perfeito (as Leis da Termodinâmica explicam a impossibilidade de equilíbrios perfeitos). No que aos Ecossistemas concerne, qualquer processo temporário de conversão da **Baixa Entropia** para a **Alta Entropia** deverá ser mantido a uma velocidade concordante com a capacidade do próprio sistema para restabelecer o seu próprio equilíbrio. Nas sociedades humanas, para que possam viver em condições equilibradas e dignas, o mesmo princípio será aplicável, isto é, entre o consumo e a produção terá, à partida, que haver critérios concordantes. Os desperdícios são normalmente absorvidos pelos Ecossistemas em forma de "lixos" e idealmente aí reciclados para reutilização, mantendo-se assim um certo equilíbrio sob condição de as produções de matérias degradadas e devolvidas à Natureza não superarem as capacidades de regeneração desses Ecossistemas. **Na actualidade, infelizmente, não é esta a regra constatada.** Os "lixos" produzidos estão superando a capacidade de regeneração dos Ecossistemas em vastas áreas do Planeta.

Qualquer actividade económica produtiva não é mais do que uma mera intervenção humana nos Ciclos Ecológicos, importando **Baixa Entropia** e convertendo-a em **Utilidades Temporárias**, devolvendo por último à Natureza matérias degradadas (**Alta Entropia**). Este processo, em si mesmo tem sido, através da História sempre consistente. **Há contudo uma diferença abissal na atitude dos tempos modernos, que é a do ritmo com que se estão devolvendo estas matérias degradadas aos Ecossistemas. A taxa de devolução das quantidades de matérias degradadas no tempo, supera actualmente de modo avassalador a capacidade de regeneração da Natureza**. E é esta a maior de todas as questões ambientais que se vive actualmente, isto é, a de que o volume de matéria degradada e as capacidades de regeneração dos Ecossistemas não coincidem.

É óbvio que o problema maior no comportamento da Humanidade está exactamente neste ponto: servir-se dos Recursos Naturais para devolver rapidamente e em quantidades nunca dantes vistas o que não interessa, isto é, as matérias degradadas, pensando (ou talvez não...) que as tecnologias tudo irão resolver. Não é assim, infelizmente, por dois motivos: 1.º) porque as tecnologias não funcionam de modo perfeito, enquanto os Ecossistemas se aproximam da perfeição. 2.º) porque as próprias populações estando cada vez mais enredadas em custos de tratamentos ecológicos num futuro próximo, estes poderão tornar-se incomportáveis por si só.

Como escrevia o prémio Nobel da Química, Frederico Soddy há 70 anos:

"As dívidas estão sujeitas às Leis da Matemática e não às da Física. Ao contrário da riqueza para a Humanidade que está sempre sujeita às Leis da Termodinâmica, as dívidas pessoais não se apagam com a idade, antes sim crescem à taxa de juros acordada".

Só em pleno respeito pelas Leis da Termodinâmica poderão as Economias funcionar tendo em vista o futuro das populações. Remendos nas decisões tendo em vista apenas o tempo presente são, na actual visão moderna do Mundo, equívocos com consequências incalculáveis.

O Ser Humano e o seu perigoso afastamento da Natureza

O perigoso processo de afastamento do Homem em relação à Natureza onde estará para sempre inserido, tem sido evolutivo ao longo dos tempos com fases mais ou menos acentuadas estando actualmente numa condição que, para a grande maioria das populações se manifesta indesejável na apatia individual ou colectiva, ou se preferirmos na ingratidão por algo que constitui a sua total e involuntária dependência.... a Natureza. Ao devolver aos Ecossistemas os detritos materiais e os conteúdos energeticamente degradados da forma como o está fazendo, o ser Humano perdeu o sentido do respeito por algo donde a sua existência saudável sempre dependeu e dependerá *"ad eternum"*. A separação entre o Homem e a Natureza significa o fracasso de imaginar a sua própria fonte criadora como uma nulidade. Neste sentido não será exagerado mesmo afirmar-se que uma Sociedade que não respeita e não faz respeitar os Ecossistemas Naturais não tem direito a auto-governar-se... deve dar lugar a outros que o façam melhor... com mais justiça. Em relação a esta matéria, as ideias de Vogel contrastam com os conceitos enunciados pela filosofia Marxista. *Para Marx o não afastamento da Natureza dignifica o Homem libertando-o das pressões para abolir as externalidades que segundo alguns dificultavam o controlo e o planeamento no sentido da utilização e distribuição dos Recursos por toda a Sociedade.* Vogel explica por outro lado o fracasso da imaginação Humana quando concebe a Natureza como uma criação Social. Para Vogel o significado deste fracasso é assim descrito:

"Nas discussões sobre o afastamento da Natureza somos incapazes de reconhecer que o ambiente onde estamos inseridos é um ambiente de objectos construídos pelo Homem. Não há um só objecto no meio ambiente que não seja de origem Humana".

Nestes dois pensamentos não existe qualquer espécie de concordância... O que para Marx significava uma necessidade Humana natural de libertar a alienação pelas externalidades, para Vogel, tudo o que existe na Natureza deve ser respeitado enquanto fruto do próprio Homem.

A tendência cada vez mais acentuada dos Humanos para se afastarem ou desligarem da Natureza será num futuro próximo a *"estrela negra"* para a prosperidade Social.

A vida no Planeta Terra sem a consideração e o respeito pela Natureza é como uma vinha devastada por javalis no seu comportamento mais selvagem. Existe na actualidade uma tendência para construir as cidades **atendendo mais a forças económicas e mediáticas do que propriamente para o estabelecimento de vidas humanas equilibradas**. Tudo gira numa aparente grandiosidade material onde as forças do interesse económico se instalam criando, do ponto de vista do equilíbrio ecológico e humano, **verdadeiros estaleiros de conveniência**. Existem de facto duas maneiras de pensar distintas sobre a Ecologia e o Ambiente Físico onde os Humanos estão inseridos. Para a Ciência do Ambiente há poluição sempre que um fenómeno ambiental físico-material provoque um dano no ambiente biofísico, o qual não existiria sem a actividade humana. Para as Ciências Económicas há poluição sempre que de uma alteração de Recursos provocada pelo Homem resulte para o consumidor num prejuízo do seu conforto, e para uma Empresa uma diminuição dos seus lucros.

Os conceitos de economia política para economistas e do equilíbrio ecológico para ambientalistas não são, na actualidade, infelizmente concordantes. Em economia política uma externalidade é uma interdependência entre funções de utilidade para os consumidores e funções de custo para os produtores, quer esta interdependência se realize em forma cruzada, quer entre as mesmas funções. Como não é fácil introduzir directamente as variáveis ambientais e ecológicas, no seu todo, numa função de utilidade ou de custo, o conceito de externalidade fica-se por aqui, sendo assim o principal meio económico que permite fixar uma referência aos efeitos ecológicos e ambientais do consumo ou da produção económica.

Não é assim possível promover-se um entendimento que leve a soluções socialmente úteis enquanto as teorias Económicas das externalidades e dos Equilíbrios Naturais, baseados na 2ª Lei da Termodinâmica, não tiverem a sua expressão mais concordante. Na sua caminhada para outros rumos em atitude ou para novos paradigmas de vida são os números estatísticos que devem contar acima da teoria economicista, isto é, a necessidade de ponderação sobre quais as incidências na saúde e bem-estar das populações resultantes das novas investidas no crescimento económico e no consequente aumento populacional no Mundo.

OS GRANDES SECTORES DA ECONOMIA E O DESENVOLVIMENTO DOS PROCESSOS ENTRÓPICOS

- **Os Transportes e a Entropia.**

- **A Agricultura Moderna e a afectação à Cadeia Alimentar.**

- **Urbanismo e Desordem Ambiental.**

Os Transportes e a Entropia

O mundo ocidental possuindo os meios de transporte mais avançados do Planeta consome neste sector cerca de 50% dos Recursos Energéticos aplicados no total das actividades. Neste valor estão incluídas as energias directamente consumidas nos motores de combustão interna e no próprio fabrico e manutenção das viaturas auto e nos mais diversos meios de transporte terrestre, marítimo e aéreo. Considerando o grosso das actividades económicas decorrentes directa e indirectamente do sector dos Transportes, o valor PIB implicado amonta a cerca de 20 a 25% do total da riqueza gerada nos países industrializados. Pode daqui inferir-se a enorme importância deste sector na vida das sociedades, do ponto de vista social e económico. Paradoxalmente, apesar da evolução da tecnologia, o aparecimento de novos processos em todas as "direcções", sem excepção para os meios de transporte, a verdade é que as estatísticas indicam que o sector dos Transportes assim como os processos Agrícolas, não obstante se tenham tornado incomparavelmente mais eficazes na sua função, têm no entanto diminuído de eficiência energética de operação, isto é, os custos energéticos dos transportes por quilómetro percorrido têm aumentado para as mesmas cargas ou número de passageiros transportados. Os custos energéticos por milhar de habitantes servidos na distribuição de bens têm-se elevado no tempo, não obstante a melhoria na eficácia, na rapidez e no acondicionamento em condições de higiene com que estes meios servem hoje as populações. Ao longo do século passado os sistemas de transportes de mercadorias foram deixando o comboio para se tornarem cada vez mais dependentes dos transportes auto, ligeiros e pesados, e do avião. Tudo em favor de maiores velocidades ou comodidade ou até favorecendo benefícios específicos imediatos das entidades transportadoras. Em termos de transporte de passageiros e de carga, tem havido mudanças drásticas do sistema ferroviário para o rodoviário. Em média, o consumo de combustível por passageiro no transporte por automóvel representa 5,5 MJ/Km(*)' enquanto o mesmo movimento realizado por transporte rodoviário, portanto de modo colectivo, o consumo por passageiro representa em média 2,5 a 2,8 MJ/Km.

Durante as duas últimas décadas tem-se verificado, por razões de mobilidade, uma preferência massiva pelo automóvel como o meio de transporte eleito pelas populações. Esta preferência tem sido verificada não só nas camadas sociais com mais poder monetário como também para outras com mais reduzidos recursos. Este facto tem pesado substancialmente na *eficiência global* dos transportes de passageiros. O modo de transporte individual *versus* colectivo, implica ineficiências crescentes no uso das viaturas ao mesmo tempo que vai afectando orçamentos individuais e estatais na construção de infra-estruturas rodoviárias que hoje apresentam somas astronómicas.

Em termos de transportes de mercadorias, as diferenças entre os consumos energéticos no sistema rodoviário e fluvial *versus* o sistema ferroviário são ainda mais abissais. Por exemplo, o consumo energético no deslocamento de 1 tonelada de mercadoria via-férrea é, em média de 0,45 MJ/Km. Para a mesma carga e distância, se o transporte da mercadoria for realizado por rodovia o consumo médio é de 1,8 MJ/Km. Apesar desta disparidade de eficiência na deslocação das mercadorias, o transporte rodoviário, entre 1960 e 2000, foi apenas reduzido de 50% para 30% do total do volume transportado neste período. Sem excepção, todos os principais meios de transporte, são na actualidade movidos tendo como base energética os combustíveis não renováveis. A mais recente penetração das energias alternativas como: biomássica, solar e hidrogénio não têm actualmente, para os transportes, expressão com significado no contexto global dos consumos de combustíveis.

Nos países industrializados, um em cada seis factores de trabalho depende directa e/ou indirectamente da indústria automóvel. A viatura auto é actualmente a máquina mais vital e indispensável à cultura ocidental. A vasta maioria das Sociedades na sua cada vez mais debilitada condição financeira, têm como um dos factores de maior peso no agravamento desta situação, os custos crescentes relacionados com a operação e manutenção das viaturas auto possuídas. Os custos directos com os combustí-

---

(*)' – Ver equivalências para diversos tipos de combustível – Tabela 1 (pág. 234).

veis actualmente atingidos na maior parte dos países, constituem encargos que as populações em geral já não podem na realidade suportar de modo equilibrado nos seus orçamentos familiares. Quando se contabilizam todos os custos associados aos modos de vida com dignidade das sociedades, não poderão hoje passar inócuas as despesas adicionais crescentes com os custos de tratamento dos resíduos sólidos, líquidos e gasosos produzidos. Neste sentido, o uso do automóvel contribui seriamente para a emissão de CO_2 para a atmosfera. Os transportes e o modo como estão sendo usados, implicam para os cidadãos enormes custos, que serão dificilmente suportáveis quer directamente em combustíveis, quer no tratamento consequente dos impactes e tensões ambientais criados. Ao falarmos em tensões ambientais derivadas dos meios de transporte de que impacte falamos?

Quando alguém nos diz que nos centros das nossas cidades actuais as densas nuvens de fumo, os cheiros nauseabundos a monóxidos de carbono e outros gases, nos estão invadindo o nosso direito "sagrado" à respiração de ar em condições satisfatórias para o metabolismo humano, perguntamo-nos se estamos num ambiente normal civilizado e de tranquilidade ou se, por outro lado estamos em ambiente de discórdia e de guerra. Na verdade, a destruição do ambiente físico das cidades muito se deve à exacerbada circulação automóvel que se verifica de um modo crescente e ecologicamente desordenado num número cada vez mais elevado de cidades, incluindo as do chamado "mundo desenvolvido".

Os centros das cidades europeias destinam cerca de metade da sua área aos acessos para movimentação automóvel e parques de estacionamento. Neste modo altamente Entrópico para a vida dos habitantes dos grandes centros populacionais, é a qualidade do ar (incluindo a poluição sonora) e consequentemente a saúde dos cidadãos que está em causa. Adicionalmente, os danos causados pelos gases de combustão emanados das viaturas que através de condensações actuam sobre os materiais ferrosos, oxidando as múltiplas estruturas físicas, implicam anualmente perdas incalculáveis que infelizmente poucos contabilizam. Efectivamente, nenhuns ou muito poucos estudos são realizados sobre os danos causados nas estruturas de materiais ferrosos, resultantes das emissões de gases de escape das viaturas auto, com consequentes condensações sobre as estruturas metálicas. Hoje dá-se pleno ênfase (e justamente) às emissões de dióxido de carbono pelo motivo das provadas implicações no efeito de estufa na atmosfera. Este será muito provavelmente a médio/longo termo o maior flagelo derivado da exacerbada utilização automóvel nas auto-estradas e nos grandes centros populacionais, em adição às enormes quantidades de emissões gasosas, principalmente de CO_2 emanadas pelas Centrais Termoeléctricas movidas principalmente a carvão, fuelóleo e gás natural. Destes centros de produção energética tão necessários quanto poluidores, são ainda emitidos outros gases, embora em menores quantidades, mas que são dotados de grande nocividade para as cadeias alimentares e consequente saúde pública. Para um país da U.E. como Portugal, as quantidades de emissões em CO_2 relativas apenas aos transportes aumentou, nas duas últimas duas décadas, a cerca de 250%. O que em tudo isto nos torna mais apreensivos, embora com compreensão, é o facto das populações em geral protestarem cada vez mais contra os preços dos combustíveis e da energia eléctrica, embora muito menos frequentemente, e geralmente com fraca convicção, contra os efeitos cumulativos das emissões e das suas gravíssimas implicações na cadeia alimentar, na saúde e, certamente nos custos de reparação dos Ecossistemas. Presentemente, toda esta intensidade Entrópica se abate sobre as vidas das populações, que em considerável número de países da actual U.E., estão ainda infelizmente, sem a sensibilidade suficiente para estas causas.

Nos dias de hoje, em que os sistemas de transporte cuja tendência tem sido para se tornarem individualizados, conduzindo a estados sociais *pré-caóticos* nas suas condições de tráfego e sob tensões ambientais imensas com consequências económicas e sociais cada vez mais significativas, as Sociedades do "mundo industrializado" (ou em vias disso) urgem em encontrar novos meios organizativos no uso dos transportes com predominância do colectivo versus transporte individualizado. Não se afigura viável outra alternativa futura.

A actual destruição do ambiente físico, grandemente criada pelo sistema de transporte de eleição na actualidade, o automóvel, não poderá por muito tempo prevalecer sem irreparáveis danos na saúde pública e no poder económico das populações. Há neste contexto implicações directas e indirectas sobre a qualidade de vida das pessoas que ameaçam largamente a estabilidade presente e futura das populações.

Agricultura Moderna e Cadeia Alimentar

É hoje conhecido que mais de 100 milhões de seres humanos no Mundo estão ameaçados de morte devido à escassez ou má nutrição alimentar. Enquanto este é um facto confirmado por todas as entidades com responsabilidades sociais, o Ocidente continua usando os recursos alimentares de forma a autoabastecer-se em regime de abundância *versus* suficiência, onde neste processo se desperdiçam diariamente enormes quantidades de alimentos. Poderá este facto ser verificado em alimentos de todos os géneros: carnes, peixes, legumes, frutos. Explicam os mais fervorosos paradigmáticos e frequentemente com interesses pessoais nesta situação, que este comportamento social *"é devido a excessos de produção os quais, por sua vez, prejudicam os mercados e que por isso devem estes produtos ser devolvidos à Natureza em forma degradada, isto é, devem constituir-se em lixo!"*... assim vai mais uma faceta do nosso paradigma de vida funcionando em Alta Entropia. São estes alguns dos grandes problemas actuais criados nos países da União Europeia cujos responsáveis máximos, infelizmente, não parecem interessados em considerar algumas das questões mais urgentes e vitais a resolver. Parece interessar mais a grande obra, a proposta para o grande projecto ou grande negócio, em detrimento das grandes resoluções do essencial, tendentes a melhorar e estabilizar as condições de vida das populações.

A mecanização e a evolução tecnológica na Agricultura Ocidental parece tudo ter resolvido no estabelecimento da abundância alimentar, mas em que sentido tem essa abundância resolvido as questões essenciais das populações? Na União Europeia, os grandes países possuidores de uma Agricultura de escala, isto é, com produções agrícolas volumosas e aceleradas através de fertilizantes e fitofarmacos, e mais recentemente com produções geneticamente transformadas, têm canalizado os seus excedentes assim produzidos, de forma eficaz a favor da fome mundial? Têm instruído e fomentado a Agricultura nesses países de fome e miséria? Tem a saúde das populações nos países mais ricos sido suficientemente acautelada a partir desta, artificialmente criada, abundância alimentar?

Um simples trabalhador rural num processo tradicional pode produzir, num solo de média fertilidade, cerca de 10 calorias de energia alimentar por cada caloria energética consumida no processo. Com os processos agrícolas actuais o mesmo trabalhador pode produzir 4000 calorias por cada caloria de energia humana dispendida. Este é um facto de inegável justificação para a abundância alimentar criada à escala Europeia ou Norte Americana, contabilizando apenas os aspectos directos da produção agrícola moderna. Contudo, significará este facto que a eficiência do processo global aumentou desta forma? A resposta é, infelizmente, não. Apenas somos levados a um caminho ilusório, se atentarmos nos aspectos energéticos laterais afectos à Agricultura moderna. Para produzir por exemplo uma quantidade unitária de milho (uma maçaroca), que contem cerca de 250 calorias, o trabalhador em cultura de estilo Agricultura Moderna, consome cerca de 2500 calorias de energia, principalmente nas máquinas usadas e na produção de fertilizantes e fitofármacos aplicados, os quais advêm essencialmente de um processo energético altamente consumidor. Quer dizer que para cada caloria produzida, a Agricultura Moderna aplica 10 calorias de energia a expensas dos Ecossistemas. Esta não é normalmente a contabilidade efectuada por parte dos responsáveis da gestão agrícola, mas a verdade dos factos é que, como se sabe, as tecnologias aplicadas na Agricultura e no fabrico dos produtos afins, isto é, fertilizantes e fitofármacos, processos estes que, tendo um rendimento técnico não superior a 60%, significa que das 2500 calorias consumidas na produção alimentar de 250 calorias, só 1500 calorias são usadas com efeito útil na produção sendo as restantes 1000 calorias devolvidas à Natureza em forma degradada (poluição) aumentando assim a Entropia no sistema global ao nível planetário.

Existem sempre pelo menos dois modos de *ver* os benefícios resultantes de qualquer processo produtivo: O primeiro, que é normalmente captado pelos humanos, é o da conveniência pessoal imediata. O segundo, pode ser visto e ponderado à escala dos impactes nos Ecossistemas resultante da aplicação quantitativa e tipo de Recursos Naturais necessários a essa produção.

A Agricultura tem-se tornado cada vez mais centralizada na medida em que o trabalho humano foi sendo substituído por máquinas cada vez mais potentes e sofisticadas quer nos processos directos quer no fabrico dos fertilizantes e fitofármacos que são derivados do petróleo quase na sua totalidade. Sendo estes processos altamente dependentes dos consumos energéticos, numa conjuntura de preços do petróleo cada vez mais onerosa, o empresário rural de dimensão pequena e média, tem sido progressivamente desmotivado, dedicando-se apenas à produção familiar e tradicional ou ausentando-se mesmo da actividade agrícola, dando lugar à grande concentração da propriedade rural de cada vez maiores dimensões. Na União Europeia este fenómeno está a criar muitos problemas a resolver, sobretudo nos países de mais pequena dimensão e tecnologicamente mais débeis, por razões de competitividade de mercados. Portugal, como exemplo, encontra-se neste grupo onde, ainda por falta de meios tecnológicos, de formação profissional, de redes de distribuição alimentar não optimizadas a favor do consumidor ou de má distribuição de incentivos, comparativamente com os outros parceiros europeus neste domínio, tem levado ao simples abandono da Agricultura em vastas regiões deste país com todos os problemas sociais e até culturais daí derivados. Um país com fortes tradições agrícolas não pode nem deve, num curto, médio ou longo período de tempo, abandonar esta actividade, sob pena de sofrer diversas perturbações sociais. É a lei da dependência externa a actuar sobre esta sociedade ainda não industrializada. Um dos impactes mais negativos resultante deste facto incide na população mais idosa, com tradições agrícolas, que após atingir a idade de 60-65 anos vive frequentemente num estado de desmotivação estonteante, sendo esta uma das razões da sua frequente procura das clínicas médicas com todas as consequências mais ou menos dramáticas dos custos sociais. Tudo isto é visto na actualidade portuguesa com a passividade habitual. Os maiores esforços orçamentais e de concentração dos governantes da actualidade são aplicados nos "grandes projectos" e obras públicas ou na optimização dos custos na Segurança Social. Esta questão pode ainda ter conotações mais sérias quando se sabe que este país da Comunidade Europeia está dependente dos restantes países no abastecimento de produtos alimentares em valores superiores a 70%. Não só esta situação não está de acordo com as condições climáticas e dos solos que existem no país, como as implicações nos desembolsos ao exterior e no desemprego rural têm consequências incalculáveis na vida das camadas da população mais idosa e dos jovens, particularmente nos aspectos da saúde e dos custos associados. E paradoxalmente constitui este abandono das zonas rurais um problema a resolver para a própria estabilização da Segurança Social. Dizem os mais pragmáticos que a produção agrícola em Portugal tem de estar condicionada aos interesses da União Europeia. Não é fácil imaginar que a própria U.E. esteja interessada nesta situação social de injustificada dependência de alimentos num país da sua "esfera", por demais que se justifique este "fenómeno" com a necessidade da Globalização e dos grandes interesses comerciais associados.

Uma outra questão relacionada com os *"Processos de Agricultura Intensiva"* está relacionada com a cadeia alimentar e consequente saúde humana, através da acelerada corrida aos fertilizantes e fitofármacos com implicações, muitas delas, ainda desconhecidas. Entre 1950 e o início deste século, o consumo de fertilizantes e fitofármacos tornou-se cerca de 10 vezes superior. Estes produtos sendo derivados do petróleo constituem, para além de todos os impactes possíveis na saúde, mais uma fonte de delapidagem dos Recursos Naturais não-Renováveis, que normalmente não entram em conta na contabilização dos consumos mundiais do petróleo. Não será um grande erro admitir-se que, na actualidade, muitos dos alimentos que digerimos são mais produto do petróleo do que dos solos! A tendência actual é para crescentes usos dos produtos derivados do petróleo nos processos agrícolas como forma de resposta alimentar acelerada ao aumento populacional.

Os solos outrora férteis estão sendo saturados com fertilizantes e fitofármacos de base petróleo que, em vastas zonas do Planeta têm destruído por completo a vida biológica dos mesmos. Neste processo, os microorganismos decompositores da matéria foram substituídos por materiais de duvidosa composição química no que se refere ao processo metabolizante da vegetação com consequente afectação na cadeia alimentar e saúde pública.

Infelizmente as Ciências Médicas não reagem, nem normalmente o podem fazer, de modo imediato contra os aspectos negativos da saúde ambiental. O tempo que decorre entre a detecção de nocividade de um produto na cadeia alimentar e as consequências na saúde humana, a menos que seja anomalia do fórum toxicológico, nunca é em média inferior a cinco anos. Sem dúvida, este tempo é suficiente para causar irreparáveis danos na saúde pública. Por outro lado, falta em alguns países da U.E. menos industrializados e socialmente menos desenvolvidos, como Portugal, a formação em **Medicina Ambiental** no âmbito das Ciências Médicas.

Na medida em que as camadas férteis dos solos se vão erodindo, mais e mais produtos químicos de base petróleo vão sendo aplicados em compensação. Este é um processo cíclico vicioso de catastróficas consequências. **As modernas tecnologias agrícolas entraram num verdadeiro ciclo espiral onde enormes infusões de produtos químicos fertilizantes e fitofármacos (pesticidas e insecticidas) são usados frequentemente de forma descontrolada cujos aplicantes geralmente desconhecem as consequências dos produtos e dosagens aplicadas na saúde pública.**

A quantidade de Energia dispendida na fabricação destes produtos artificiais usados na Agricultura intensiva, que não é normalmente contabilizada nos consumos mundiais de Energia, representa na actualidade valores surpreendentes, contribuindo por sua vez para o aumento da Entropia no Planeta implicando maior destruição dos Ecossistemas ao nível da Atmosfera, da Litosfera e de não menor importância na Hidrosfera onde rios, lagos e mares estão sofrendo enormes consequências destes processos através das drenagens e lixiviagens de produtos químicos de base petróleo (pesticidas, insecticidas e fitofármacos em geral). Nos países industrialmente desenvolvidos ou em vias disso, os processos de produção agrícola acelerada causarão, a curto prazo, perdas irreparáveis na saúde alimentar se entretanto a Agricultura Biológica não tomar mais significância nestas regiões. O aumento em espiral desta desordem ambiental com origem no sector agricola implica custos adicionais às sociedades, os quais, não obstante a actual aparente abundância de produtos a preços moderados, só poderão representar no futuro cada vez maiores encargos para as populações devido à reparação dos danos que provocam nos Ecossistemas. Estes encargos nos reparos ambientais aparecem na *"factura de vida"* das populações, infelizmente de uma forma indirecta, e muitas vezes camuflada, contudo estes custos são, sem dúvida, reais e pagos por toda a população.

À medida que o actual gigantesco comércio Produção Agrícola – Distribuição – Consumidor se torna cada vez mais sofisticado e associado a grandes organizações, e menos transparente para as populações consumidoras, os avultados consumos energéticos e a degradação ambiental consequente criando a alta Entropia vão castigando cada vez mais as populações totalmente dependentes deste insubstituível bem – a cadeia alimentar. O aumento dos custos associados à produção alimentar tem levado à centralização das organizações envolvidas neste sector de actividade, favorecendo sempre, invariavelmente, os produtores de maior dimensão económica. Deste facto resulta a cada vez mais diminuta intervenção do público (e dos governos) nas qualidades, nas quantidades produzidas e na consequente passagem de custos **directos e indirectos** do produto final ao consumidor.

Urbanismo e Desordem Ambiental

Aparentemente, nas cidades, sobretudo naquelas situadas em países mais desenvolvidos, a primeira impressão visual é a da constatação de "ilhas" de organização e de ordem ambiental, onde quase tudo foi previsto para a circulação e vivência das sociedades humanas modernas. Do ponto de vista funcional esta é uma visão correcta. Do lado da saúde humana, física e mental, nada mais errado! É nos grandes centros urbanos modernos que se verificam, no real, os maiores desperdícios com implicações negativas para a saúde dos seus habitantes e visitantes. Não obstante a aplicação das mais modernas tecnologias de controlo que de facto existem nestes Centros, a verdade é que no "*background*" todos os parâmetros ambientais de que depende a saúde humana, desde o nível de ruídos aos poluentes atmosféricos, estão em quaisquer destes Centros muito acima do aceitável. A razão é que o paradigma de vida manifesto no comportamento social geral implicando o convite ao desperdício, *fala mais alto* nos grandes centros urbanos e torna muitas das mais sofisticadas tecnologias de controlo impotentes nas suas bem intencionadas funções.

Sobretudo após a 2ª Guerra Mundial, o grande impacte nas Sociedades resultante do desenvolvimento da Agricultura, paralelamente ao sector Industrial, veio dar origem ao crescimento acelerado das cidades onde mais empregos, mais actividade cultural e melhores condições de vida foram vistos pelas populações como razão para se fixarem nestes centros. Hoje, nos países industrializados e em vias disso, um vasto número de habitantes destes centros urbanos está descontente com as condições de vida, fixando-se aqui apenas pelo facto da necessidade de emprego. As razões de base deste crescente descontentamento estão no Ambiente físico onde se encontram inseridos... o Ruído, o Ar Interior e Exterior, as filas de Tráfego, os custos de Parking, o cinzentismo exterior contraposto à observância do Sol, e tudo o que mais afasta os Humanos do contacto com o seu predestinado Ambiente Natural. Tudo isto causa cada vez mais dificuldades à boa harmonia do ser Humano. Particularmente a hipertensão e a ansiedade, como doenças tipificadas dos grandes centros urbanos, são o mais real manifesto dessa ausente harmonia na vida Humana.

As nossas grandes cidades ocidentais nasceram com o **fim da 2ª Guerra Mundial** e com a **utilização acelerada dos combustíveis fósseis**. São por conseguinte o resultado e o produto destes dois marcantes eventos. Foi a necessidade e a urgência de crescimento que sobretudo ditou o que hoje constituem massivos agregados humanos distribuídos por vastas áreas de ocupação. Antes destes eventos as populações urbanas viveram por milhares de anos em cidades bem mais pequenas, as quais, pelos actuais "*standards*" nem seriam consideradas, de facto, centros urbanos relevantes. A antiga Atenas teria cerca de 50000 habitantes, a Babilónia cerca de 100000 habitantes. Da Antiguidade à Renascença as mudanças na dimensão das cidades pouco se modificaram. Florença, a cidade de Leonardo da Vinci, tinha cerca de 50000 habitantes (hoje com cerca de 500000 habitantes). A maior parte das cidades Europeias teria nos finais do séc. XVI menos de 20000 habitantes (hoje existem cidades Europeias com a população de 8, 10 e 12 milhões de habitantes). Com a Revolução Industrial, no início do século XIX, todas as dimensões populacionais dos centros urbanos sofreram mudanças em crescimento a ritmos estonteantes.

Em 1900 apenas onze cidades excediam um milhão de habitantes, em 1950, setenta e cinco cidades ultrapassavam esse número e em 1976, com o número de habitantes excedendo um milhão já ultrapassava as duzentas cidades. Na actualidade cerca de duzentas e setenta e cinco cidades excedem a população de um milhão. Esta estonteante explosão na ocupação urbana trouxe consigo enormes problemas a resolver no âmbito da habitabilidade dos grandes centros.

A correlação existente entre o Ambiente físico e a doença são questões da actualidade com uma importância vital na sustentabilidade presente e futura das populações, não só pelo sofrimento físico e psíquico, mas também, pelos custos de tratamento ambiental que vão pesando nas populações em proporções sem precedentes. Uma nova filosofia de vida com mudanças de paradigma e as técnicas e tecnologias de controlo ambiental, em paralelo com a Medicina Ambiental, são hoje matérias de importância maior para as populações em geral e para os centros urbanos em particular. As condições de vida dos humanos nas cidades, embora aparentemente habitando condições privilegiadas de vivência, estão de facto a "anos-luz" das condições necessárias para uma vida natural e saudável como o que foi concebido para o "Homo Sapiens". A razão que levou a Humanidade a aderir aos grandes centros urbanos como condição de *viver melhor, com mais e melhores condições de empregabilidade*", está, hoje em dia a tornar-se irreal, isto é, a impor cada vez mais dificuldades às populações para uma coabitação digna nestes centros.

A evidência dos crescentes consumos energéticos e custos associados, tornando a competitividade das Empresas cada vez mais difícil, torna assim também a oferta de emprego ao trabalhador cada vez mais escassa. Grandes cidades requerem o fornecimento de enormes quantidades de Energia para que a vida destas populações seja viável. Por outro lado, os gigantescos consumos energéticos impõem grandes reparos ambientais trazendo consigo avultados custos adicionais para os grandes centros habitacionais. Este infindável ciclo, ainda não transparente ao comum das populações, implicará num futuro próximo enormes mudanças no âmbito Económico e Social. A alta densidade urbana dos grandes centros e as consequentes tensões ambientais daí decorrentes têm reflexos da maior importância na vida das pessoas. Contudo, apenas nos apercebemos disso quando os factores psicossociais neste ambiente específico são de perto sentidos, analisados e reflectidos na consciência ecológica dos cidadãos.

Hoje, numa grande cidade, é possível que nas zonas populacionais mais densas um cidadão se cruze com cerca de 100000 seres humanos num intervalo de tempo de 10 minutos. Obviamente que este contacto visual não permite mais do que, de um modo geral, uma simples e quase desinteressada observação visual a nível individual.

Quais são as consequências deste facto?

Primeiro, o choque ao nível de *"feelings"* ao constatar, por exemplo, em caso de dificuldade do indivíduo (caso de acidente, é um exemplo), que de entre milhares de seres humanos, são raros os que tendem a aproximar-se e a prestar alguma atenção à ocorrência e eventualmente dar alguma assistência ao acidentado. É chocante, a elevada frequência com que se constatam estas situações, hoje em dia, nos grandes centros populacionais.

Segundo, o comportamento humano do tipo "não olhar a meios para se atingirem fins" é cada vez mais uma característica dos grandes centros. Há uma disputa em geral quase selvagem pela sobrevivência económica, por mais que se reclamem os grandes centros urbanos como lugares de desenvolvimento civilizacional!

Do modo como estão concebidos e geridos, são ainda os grandes centros urbanos os mais vulneráveis ao desemprego em momentos de crise económica mais dramática. A expansão urbana significa no presente e com perspectivas de agravamento futuro, lugares de enormes fluxos energéticos e consequentemente de avultadas desordens ambientais com todas as implicações mais ou menos dramáticas nas economias individuais e na saúde pública em geral. Também nesta afirmação os mais pragmáticos e confiantes nas tecnologias e nas ciências médicas frequentemente ripostam com razões próprias, para eles suficientes, justificando que *"tudo poderá ser resolvido à luz do actual conhecimento humano"*. Para estes, o paradigma existente Homem-Máquina não pode parar. Retroceder no crescimento acelerado seria *"caminhar para o abismo e o caos na qualidade de vida Humana"*.

Continua a afirmar-se que o actual paradigma donde em geral provém a nossa educação e instrução não trouxe até à data, nem melhor se perspectiva no futuro, a felicidade económica e social de um modo sustentável como seria desejável.

Irá constatar-se num futuro próximo que em algumas das maiores cidades, a população irá decrescer sem que no entanto o necessário número de trabalhadores municipais afectos à recolha e tratamento dos resíduos possa decrescer. Este facto não significa trabalhadores em excesso, que se justificam devido aos fluxos de bens materiais e particularmente os consumos energéticos e suas consequências ambientais, implicando necessariamente maiores reparos ambientais e sanitários para as populações. Os custos suportados por todos os residentes são assim cada vez mais avultados e dificilmente suportáveis. O tratamento eficaz dos resíduos sólidos e líquidos urbanos constitui hoje, nos grandes centros populacionais, uma questão de extrema importância para a economia e a saúde dos seus habitantes. Existem hoje cidades Europeias com sistemas de incineração de resíduos hospitalares localizados em zonas urbanas. A sofisticada tecnologia que se conseguiu nos últimos anos para o controlo dos sistemas de queima, tudo justifica. No entanto é bem conhecido que o Homem ainda não conseguiu um sistema de controlo 100% fiável(*)', isto é, sem possibilidade de falha técnica. Adiciona-se ao risco de fiabilidade o potencial de agravamento a partir dos factores atmosféricos mais críti-

---

(*)' – A própria cibernética Humana não é totalmente fiável.

cos. A verdade é que, na circunstância, basta que uma deficiência de controlo se verifique durante 5 minutos, numa zona populacional de maior densidade, para que os irreparáveis prejuízos na saúde humana se possam considerar desastrosos em situações específicas de queima de certos tipos de resíduos, isto é, Resíduos Perigosos (RP). Estes resíduos poderão ter origem, por exemplo, em instalações industriais ou hospitalares.

A grande questão que se coloca à Gestão Global dos grandes centros populacionais é a que se relaciona com a diversidade dos problemas sociais que vão aparecendo nas suas origens mais diversas, incluindo as provocadas por questões ambientais. Estas, ao apresentarem uma tendência de crescimento numa **razão geométrica** com o próprio crescimento populacional, fazem com que as capacidades humanas que são destinadas à resolução destes problemas, não se manifestem suficientemente eficazes. Traduz-se esta discrepância na relação causa-efeito desfasada no tempo de actuação correctiva por parte da Gestão Autárquica dos grandes centros que, em geral, tem como resultado final a não correcção em tempo efectivo dos danos, tornando-os irreparáveis e cada vez mais pesados para a vida das populações afectadas.

Novos Paradigmas de Vida
e a Reformulação da Ciência

Estará hoje a Ciência, como força motora das Sociedades, impulsionando o *"comboio da vida"* no sentido correcto para que a Humanidade possa viver sustentavelmente no Planeta Terra?

Sendo esta questão de resposta extremamente difícil, a verdade é que os *"Poderes Científicos"* em todos os domínios da vida têm conduzido as populações no sentido da aceitação dos seus princípios como originais e verdadeiros. *"Em algo a população terá de acreditar justificando até a sua própria existência"*. Da Religião à Ciência existe um espaço que para alguns é espaço vazio, enquanto para outros seres humanos esse espaço é compacto e interligado, isto é, a Ciência pode justificar a existência de um Deus poderoso e também a existência Deste poderá justificar a existência da Ciência e dos Cientistas, como seres Humanos.

– Bertrand Russel (séc. XIX) numa das suas múltiplas obras citou:

"É um facto curioso que quando o homem da rua começou a aceitar a Ciência como um facto obsoleto, o cientista no laboratório começou a perder a esperança nos resultados do seu trabalho". Pensa-se que Russel quereria de certo modo criticar a separação existente entre o homem da rua e o cientista, isto é, colocar em evidência que a Ciência e o cientista vivem num mundo à parte da Humanidade, tendo receio que quando a Ciência se popularizasse o paradigma Homem-Máquina pudesse chegar ao fim.

René Descartes (séc. XVII) dissertando sobre o Método Matemático num contexto eminentemente filosófico explicou que o Mundo no seu todo poderia ser entendido e organizado pelo **"método científico"** sendo assim possível a separação das coisas em sujeitos e objectos e estes, por sua vez, poderiam ser, com devido rigor, medidos e quantificados através de formulação matemática.

Não obstante esta grandeza filosófica de Descartes, a teoria quântica veio mais tarde demonstrar que Descartes não tinha toda a razão nestas afirmações. A teoria quântica, *mergulhando* num mundo microscópico da matéria, veio demonstrar que a tarefa do isolamento real das partículas no Universo por mais dimensionalmente ínfimas que fossem, seria extremamente difícil, e em termos concretos, humanamente impossível. Uma partícula de dimensão ínfima poderia dar sempre lugar a outra de ainda menores dimensões e assim não parecia haver um ponto de chegada ao isolamento total das coisas materiais ou outras.

Heisenberg, proeminente físico alemão da teoria quântica, pronunciando-se sobre este assunto, afirmou que medidas precisas sobre a matéria ínfima eram impossíveis de realizar uma vez que para isso seria necessário saber qual a velocidade e a localização do objecto a cada momento. Dando alguns exemplos concretos, Heisenberg citava o movimento da partícula electrão para explicar tudo isto:

"Pode ver-se um electrão somente, quando este emite luz, e produzir luz é, consequência de se ter deslocado da sua órbita referencial". Portanto, nesta teoria, a localização da matéria ínfima, ficaria indefinida e a medição exacta sobre a mesma seria impossível. Heisenberg chamou a este princípio o *Princípio da Incerteza*.

Estes exemplos, embora pareçam deslocados do contexto do que se vem tratando, pelo facto de nos referirmos aqui a um mundo microscópico, são na verdade consistentes com os pontos de fundo pretendidos. A velha teoria Newtoniana onde se baseia todo o paradigma Homem--Máquina e que trata todos os fenómenos como comportamentos isolados da Natureza deu, mais tarde, na teoria de Heinsenberg, origem a outras interpretações de que afinal **tudo quanto existe é parte de um fluxo mais dinâmico do que um simples "stock" de coisas isoladas umas das outras. Tudo o que o ser Humano realiza, e o modo como o faz, tem consequências e, muito frequentemente, nem tudo o que parece é.** As "coisas" não existem por acaso nem como simples "stocks" isolados umas das outras; há de facto uma ligação dinâmica no Universo. Mesmo no mundo material existem mudanças num modo dinâmico e contínuo. Este é o facto mais relevante das Leis da Entropia. Tudo por mais simples que nos pareça é Energia e esta está continuamente a ser transformada em parte útil e parte degradada (poluição). **O trabalho humano, o qual se realiza sempre com base na Energia disponível, não é mais do que um processo activo nessa transformação contínua da Energia útil em traba-**

lho mais a degradação resultante que incide sobre o meio físico (Entropia).

A Ciência na sua essência não é mais do que uma metodologia de precisão e de previsão do futuro. Mesmo quando se trata da Ciência Aplicada é sempre o futuro que deve contar porque antes de uma nova aplicação já surgiram outras ideias igualmente futuristas. A Ciência é simulaneamente um método e um processo contínuo para a descoberta daquilo que é fundamental dando origem ao que pode ser aplicado.

Neste conceito de continuidade universal dinâmica, as Leis científicas, também elas, têm os seus limites de validade e são tanto mais duradouras quanto o seu poder de previsão do futuro. **As Leis da Termodinâmica sendo Leis universais consagradas no tempo têm a capacidade e o poder de demonstrar inequivocamente que o ser Humano está errado quando segue um caminho autodestruidor ao servir-se dos Sistemas Naturais do modo como o está fazendo.** Estes grandes princípios consagrados nas **Leis da Física** são da maior actualidade na demonstração dos resultados do paradigma de vida de **Alta Entropia.** Em não muito distante futuro, impor-se-ão necessariamente à Humanidade outras regras diferentes das do paradigma Homem-Máquina onde as gerações contemporâneas sempre viveram.

Como nas antigas teorias existentes até à Idade Média, o conceito de que **"qualquer grande ideia traz sempre consigo a semente da sua destruição a favor de outra melhor"** (princípio da continuidade dinâmica dos fluxos Universais) é, embora noutros termos de validade, também nos nossos dias expectável que num futuro próximo e ainda desconhecido este experimentado princípio universal da Física se aplique ao actual paradigma de vida ocidental, dando lugar a outros modos de vida e salvaguardando as grandes causas da Humanidade. Até lá existem suficientes argumentos para acreditar que estes conhecimentos possam passar ao senso comum, substituindo o actual paradigma Homem-Máquina da forma exacerbada e exclusiva que o estamos a seguir, e que a bem da sobrevivência da espécie Humana no Planeta, dê lugar a outro paradigma que se poderá apelidar de "*Homo-Ambientalis*".

ANTROPOGENIA E DEGRADAÇÃO DOS ECOSSISTEMAS

- **A Hidrosfera**

- **A Litosfera**

- **A Atmosfera**

A Poluição de origem Antropogénica nos Mares e Oceanos e a Sustentabilidade da Vida Humana

Os Mares e Oceanos cobrindo no Planeta uma área superior a 71% constituem o recipiente de uma infinidade de espécies de seres vivos que estabelecendo os seus habitats a diferentes profundidades nas regiões do globo mais diversas, estão também estas espécies sujeitas a crescentes tensões ambientais como resultado de uma Antropogenia cada vez mais intensa e egocêntrica. Da Hidrosfera, provém mais de 50% da base alimentar da humanidade, ocupando vastas camadas da população, constituindo assim um meio de subsistência da maior importância à sustentabilidade da vida Humana. Não obstante esta dependência, o Homem na sua corrida acelerada *ao que mais interessa no momento* não se tem poupado a interagir de modo cada vez mais intenso e desordenado com estes Ecossistemas, não só na captura intensiva dos seres vivos aí residentes, mas sobretudo na degradação das águas com o lançamento desordenado de descargas líquidas provenientes da Agricultura, da Indústria e das Zonas Urbanas, que directa ou indirectamente, têm destruído uma substancial parte da vida animal residente nesta importante componente biosférica. O Homem tem esquecido que a Hidrosfera no seu todo obedece a leis físicas, uma destas sendo em tudo semelhante à vulgarizada **lei dos vasos comunicantes**, só que, no caso global em discussão, as pressões exercidas sobre os liquidos são agora substituídas por **tensões ambientais**. Toda a Entropia "produzida" na Biosfera em particular na Litosfera, passa em grande parte para os rios e mares como consequência das exacerbadas dosagens de fertilizantes, de pesticidas e dos produtos urbanos e industriais mais diversos frequentemente não tratados como devem, os quais, provocam directamente tensões fatais sobre toda a biologia das águas. As implicações deste produtos são enormes desde a incidência na vida vegetal donde se alimenta a fauna aquática, aos fluxos dinâmicos e contínuos da vida animal das águas dos rios, lagos, mares e oceanos.

Toda a vida animal e vegetal e as mais diversas matérias orgânicas e inorgânicas existentes na Hidrosfera se ligam entre si num processo contínuo de fluxos energéticos e de relações mutuas com afectação à cadeia alimentar. Este é um processo de interligação e de transformação contínua do qual depende em vasta escala a subsistência Humana.

Na relação dos fluxos energéticos contínuos, a fonte natural da radiação solar é utilizada pelos vegetais fluviais e marinhos que, uma vez dotados de pigmentos clorofilinos para utilizar a energia luminosa, e assim realizar a síntese das moléculas orgânicas, (glícidos, prótidos e lípidos) a partir de compostos minerais simples como fósforos, nitratos, nitritos, sais amoniacais e gás carbónico, dá origem a quantidades nutritivas importantes para a vida animal e destes para a alimentação Humana.

A produção vegetal dos mares, não sendo afectada significativamente pelos excessos de gás carbónico na atmosfera em contacto com as águas, é no entanto seriamente atingida pelos excessos dos elementos azoto e fósforo (hiperfertilização) transportados a partir sobretudo dos processos agrícolas, trazendo para algumas zonas costeiras sérias complicações à vida animal (eutrofização).

A excessiva fertilização, detrimental para a microbiologia dos solos é assim também um dos factores de degradação da vida animal dos rios e mares. Às descargas líquidas resultantes dos processos agrícolas, particularmente o azoto e o fósforo, juntam-se as descargas das matérias residuais orgânicas das zonas urbanas e industriais. Estas últimas, pela sua natureza cada vez mais diversificada e menos conhecida quanto aos efeitos sobre as águas, constituem hoje uma séria questão a gerir no âmbito da engenharia sanitária.

O fenómeno eutrofização provocado por crescentes descargas sólidas e líquidas de elementos químicos, em doses muito acima do que será normal, provoca em toda a vegetação marinha sobretudo a costeira, os maiores desastres nas espécies animais tendo actualmente impactes desastrosos principalmente na fauna. Com maior intensidade na Europa e nos EUA, a hiperfertilização das águas continentais, devido aos excessos agrícolas praticados, tem sido em grande parte responsável directa e indirectamente pela degradação da cadeia alimentar humana com consequências gravíssimas nos custos dos tratamentos da saúde e em geral na qualidade de vida dos cidadãos. As "*marés verdes*" que se manifestam cada vez mais na proliferação de algas verdes de grande dimensão (macroalgas), encalhando aos milhares de toneladas junto às praias são a prova mais evidente da hiperfertilização das algas marinhas, provocada sobretudo, pelos excedentes compostos químicos usados na Agricultura. A excessiva produção destas macroplantas em desfavor das microalgas (fitoplancton) da qual se alimentam os peixes, tem sido responsável pelo afastamento de muitas espécies animais marinhos junto às costas.

Actualmente, as águas dos mares estão sujeitas a hiperdoses do elemento químico azoto que são lançadas pelos processos agrícolas frequentemente sem regra, que não sendo metabolizadas pela vegetação se adicionam às quantidades de azoto absorvidas nas plantas por via natural, provocando nas suas formações nitrosas alguns sérios inconvenientes na saúde alimentar.

Nos rios da Europa do Norte, calculam-se as descargas actuais via Agricultura, na ordem dos 900 000 toneladas de azoto/ano, ao qual se juntam aproximadamente 500 000 toneladas de azoto por via absorção atmosférica. Estas grandezas são de facto representativas das quantidades estonteantes deste elemento químico, só por si a intensificar a eutrofização costeira. Neste sentido, em escassas dezenas de anos, a não haver correcção imediata deste comportamento humano no que respeita à Agricultura intensiva, as zonas costeiras poderão parecer-se muito mais com verdadeiros jardins vegetais do que propriamente ambientes e habitats naturais marinhos.

Os processos de produção artificial de peixe (Aquicultura), estão a contribuir para o aceleramento gradual da eutrofização. Sendo que, neste processo, apenas uma parte da alimentação artificial dos animais é por estes metabolizada, os excedentes estão a contribuir para o mesmo fenómeno de acelerada hiperfertilização das águas. Estes fenómenos são hoje mais visíveis nas regiões costeiras do Sudeste do Mar do Norte, as quais recebem os mais importantes afluxos fluviais.

O mar Mediterrânico é actualmente recipiente de cerca de 700 000 toneladas/ano de excedentes de azoto aplicados na Agricultura que são lançados ao mar, via circuitos fluviais. A esta quantidade de azoto junta-se cerca de 400 000 toneladas absorvidas pelas águas via atmosfera. Às descargas deste elemento químico nas águas Mediterrânicas junta-se aproximadamente 120 000 toneladas do elemento fósforo igualmente vindo dos excessos praticados nos modernos processos Agrícolas. Neste processo global não só as águas mais superficiais estão sendo afectadas, como começam também estão a aparecer, a ritmos cada vez mais preocupantes, efeitos altamente nocivos da hipereutrofização nas águas mais profundas com óbvia destruição das espécies animais marinhas de maiores dimensões. Às descargas poluentes vindas dos processos Agrícolas juntam-se cada vez maiores afluxos de descargas com origens urbanas e industriais transportando consigo outros elementos, cuja nocividade é bem conhecida, por exemplo, o mercúrio, o chumbo, o arsénio e outros de origens diversificadas, cujos efeitos nocivos uma vez entrados na cadeia alimentar, não são ainda suficientemente conhecidos pela Medicina. A aplicação de cada vez maiores quantidades de fitofármacos na Agricultura vem lançar, de facto, um grande aviso às populações. Ou se toma de vez consciência de como estamos a tratar os Ecossistemas Naturais afectados, em particular os solos e os recursos hídricos, e novas atitudes são tomadas, ou a saúde pública num futuro próximo estará seriamente ameaçada na sua Sustentabilidade. Não tenham nestas matérias grandes dúvidas as populações em geral, políticos e gestores sociais a todos os níveis. De facto, a não promoção de medidas urgentes no sentido da necessária mudança de paradigmas de vida, levará a relativo breve trecho a uma situação caótica para a qual não haverá fácil controlo.

A Agricultura Moderna e a degradação dos Ecossistemas
– A alta Entropia na Litosfera

As previsões para a Agricultura dos países industrializados e em vias disso, para as próximas décadas, são o aceleramento dos processos produtivos de modo a prevalecerem as quantidades e a respectiva comercialização sobre todos os outros factores. Em todo este processo, o mais inacreditável é ainda o facto dos produtos agrícolas, ao serem transportados e comercializados entre países, percorrerem longas distâncias a expensas de avultados consumos de combustíveis de base petróleo, apesar de existirem condições locais em muitas destas regiões para a autoprodução alimentar. **Enquanto se constatam estes factos nos países da U.E. por exemplo, reclama-se mais racionalidade nos Consumos Energéticos no Sector dos Transportes!**

Neste contexto observemos como exemplo, que em Portugal, país da U.E. desde 1986, onde as condições climatéricas são das melhores da Europa, com consideráveis extensões de solo arável, está entretanto importando cerca de 70% dos produtos alimentares que consome. Este país encontra-se nestas condições de abastecimento alimentar há cerca de 25 anos. Paralelamente à saída de divisas financeiras que este fenómeno traz ao país, as povoações rurais, sobretudo no interior, encontram-se em desertificação e sem motivações para a produção agrícola. A razão principal é a da difícil competitividade de mercados, provocada pela penetração massiva do comércio alimentar vindo do exterior. O abandono rural, com todas as suas consequências sociais negativas, como o desemprego e o desinteresse da juventude pela terra, implicando este fenómeno, por si, mais *incultura* nas populações jovens, e o crescente agravamento do consumo de drogas em algumas desta zonas, com a surpresa destas populações e a impotência para a acção correctiva deste fenómeno o qual deveria constituir o maior desafio da gestão governamental deste país.

Paralelamente a este aspecto de desequilíbrio na gestão de recursos, que está relacionado com a comercialização exacerbada dos produtos alimentares vinda do exterior, está também o aspecto mais estritamente ligado ao contexto deste livro que é o das implicações deste fenómeno na Alta Entropia como modo de vida das populações sem que estas se apercebam das suas origens e dos seus males.

Em Portugal é conhecido o protocolo de Quioto e as Directivas Comunitárias afins, nas quais se estabelecem metas para as emissões gasosas na U.E., particularmente do gás CO_2. Os média têm divulgado a este respeito por exemplo, que o país poderá no futuro pagar indemnizações pelo excesso de emissões que produz. Entretanto, em matéria de comercialização e de influxos de produtos alimentares, os quais envolvem a circulação de viaturas com origem a dezenas de milhar de quilómetros de distância e consequentemente provocando o abandono da Agricultura neste país, nem uma palavra! Será que um impacte nada tem a ver com o outro? É razoável impor-se que as forças mais egocêntricas dominem o comércio interno?

Os produtos alimentares entrados em Portugal são oriundos de vários países Europeus e não só, deslocando-se principalmente via auto-estradas, em viaturas pesadas. Entre estes países, origem de 70% da nossa alimentação contam-se: Holanda, Alemanha, França e Espanha. No caso dos frutos poderemos incluir como origem fora da Europa, a Argentina, o Chile, o Brasil, África do Sul entre outros países. Falamos portanto do deslocamento de viaturas e de produtos alimentares para Portugal desde distâncias de alguns milhares de quilómetros com retorno à origem. Enquanto esta realidade é visível por todos, o consumo de combustível e das emissões de gases CO_2 produzidas já não é tão visível ao cidadão comum. *Este valor é em média, de 30–40 litros/100 km (gasóleo) para viaturas de aproximadamente 30 toneladas. As emissões de CO_2 durante o mesmo percurso serão de aproximadamente 80-90 kgs/100km. Este é um exemplo de como um país pode difundir ideias sobre emissões, alterações climáticas, promoção ambiental, e tudo o mais que se possa dizer sobre os modos de conservação da Natureza, sem contudo exercer (ou não poder exercer) correspondência na acção, isto é, tratar as questões de fundo, normalmente as mais difíceis de gerir, com a eficácia devida e desejável.*

Nos países onde os processos agrícolas estão cada vez mais a realizar-se de modo acelerado a expensas de fertilizantes e fitofármacos de base petróleo, incluindo a aplicação de todos os ingredientes hormonais aplicáveis ao rápido crescimento da vegetação, as quantidades produzidas/m^2 assim obtidas são enormes quando comparadas com os processos mais naturais do passado, ou do presente no caso da Agricultura Biológica. Em termos comerciais é este processo produtivo que predomina, com todas as consequências negativas presentes e futuras na saúde pública, cujos resultados só serão conhecidos na sua total extensão daqui a alguns anos.

É esta a razão de se poderem constatar alguns preços imbatíveis nos mercados de abastecimento alimentar. Neste processo, enquanto as populações, que decidem não pagar directamente um preço mais elevado por produtos produzidos no seu país de origem (caso português por exemplo), pagarão sucessivamente e de forma crescente, por outros custos indirectos derivados da exacerbada comercialização inter-países, a qual traz consigo um forte contributo para as emissões gasosas e outros factores entrópicos derivados de uma maior actividade de circulação nas vias terrestres de comunicação. Todas estas questões relacionadas com os processos agrícolas da actualidade continuarão a escalar e a constituir uma das mais sérias questões para as condições de vida das populações à medida que nos aproximamos do colapso Energético de origem não-Renovável e as consequentes tensões Ambientais no Planeta. As frustrações das Sociedades ir-se-ão acumulando na medida em que os governantes, de todos os quadrantes políticos, nos vão apresentando *"soluções-remendo"* evitando assim o confronto com situações de fundo certamente mais difíceis de implementar, e que são de certo melindre social, isto é, a *mudança no actual paradigma de vida Ocidental, ou seja, o abandono do desperdício na abundância.*

Sem dúvida que as Sociedades do presente e futuro, por necessidade eminente, se terão de tornar mais reflexivas nos modos de enfrentar uma cada vez mais global diversidade de fenómenos relacionados com a sua própria subsistência. Também, as soluções a serem encontradas serão sempre do tipo colectivo e não individualizadas *"per si"* o que implica uma necessidade crescente de as Sociedades se tornarem cada vez mais solidárias.

Os actuais processos Agrícolas concebidos no paradigma *"quanto mais e mais rápido melhor"*, na tentativa de criar abundância, e esta por sua vez criando condições propícias para a obtenção de intensa e globalizada comercialização, vai favorecendo os meios especulativos e o desperdício, contrário à satisfação sustentada das necessidades humanas. Esta dualidade vem acentuar questões a resolver a curto prazo nas áreas Económica e Social, em que a produção alimentar local deve constituir prioridade e assim dar lugar à grande "revolução" do século. Se por um lado a fome no mundo deve diminuir ou terminar, por outro, não será com processos produtivos intensivos num lado do Planeta, destruindo Ecossistemas para alimentar o "outro lado", que se resolve qualquer questão relacionada com as necessidades humanas de uma forma sustentada.

A Litosfera está em permanente delapidação no que concerne a sua mais essencial microbiologia. Destruindo este Ecossistema não restam outras alternativas que não seja a de as produções agrícolas se tornarem cada vez mais artificiais, isto é: a utilização dos fertilizantes e fitofármacos de base petróleo e a aplicação de hormonas vegetais. Apesar do conhecimento estatístico da demografia mundial no sentido da necessidade alimentar, os perigos para a Humanidade resultantes da actual lindustrialização dos processos de produção agrícola são enormes. O petróleo dando origem aos múltiplos produtos combustíveis e aos subprodutos como o plástico ou os fitofármacos, por exemplo, poderá criar, nos sistemas de produção agrícola e consequentemente na cadeia alimentar, um Homem com características diferentes do actual e portanto a "anos luz" daquilo para o que foi concebido, isto é, um ente em plenitude originário da Natureza e destinado a viver sempre em harmonia com as suas próprias Leis.

Impacte da actividade Antropogénica na Entropia atmosférica

Não é visível um caminho de saída para que as Sociedades possam viver harmoniosamente "escapando-se" às Leis Naturais da Termodinâmica. Estas são as Leis supremas da Natureza e trazem à Humanidade ensinamentos até hoje irrefutáveis. De facto a tendência para o aumento de Entropia no Planeta até pontos de extremas dificuldades para a vida Humana é um fenómeno que se coloca às Sociedades com inteligibilidade e clareza: **À medida que as reservas das Energias não-Renováveis vão caminhando para o seu fim do ponto de vista económico, o Ambiente físico na Biosfera vai-se degradando perigosamente para o caos absoluto.** Quanto tempo restará para que este ponto seja atingido é impossível de determinar. A resposta é do mesmo tipo da pergunta do leigo ao seu *"Master"*:... *"quantos pecados posso eu cometer sem que me sejam vedadas as portas do Céu?... obviamente, a resposta do *"Master"*, só pode ser uma: *"depende da grandeza dos pecados!"*. As grandes Leis Naturais da Termodinâmica vêm clarificar simultaneamente a noção e os limites do progresso material e do progresso tecnológico, e reorientar a noção de cultura tecnológica no paradigma Homem-Máquina.

O aumento da Entropia no Planeta, que em grande parte se manifesta na Atmosfera, exerce o maior impacte na vida Humana ao nível da Troposfera (até aproximadamente 10 000 m da superfície terrestre). Até ao início do séc. XIX existiu um equilíbrio natural e cíclico dos factores naturais à superfície (Litosfera) em que os ciclos da Água e dos Gases mais importantes à vida humana e vegetal eram equilibrados de tal forma que as condições climáticas dos solos, da vegetação e dos Ecossistemas em geral, foram determinantes para um estilo de vida naturalmente equilibrado das espécies. A partir do estabelecimento do novo paradigma de vida, Homem-Máquina, e da consequente 1ª Revolução Industrial, o ser

Humano passou a ter objectivos muito díspares dos que estabeleceu no passado. Apareceram pressões relacionadas com a demografia, e daí com a corrida acelerada ao carvão como fonte energética, aplicaram-se tecnologias cada vez mais potentes, e nesta sequência veio a 2ª Revolução Industrial com a corrida aos jazigos de petróleo, aceleramento dos processos agrícolas, das tecnologias pesadas, da aplicação da electricidade e das ciências humanas. Com o aparecimento da 2ª Guerra Mundial o Homem transformou-se num *"colonizador nato"* dos recursos disponíveis usando a natureza a seu belo prazer, extraindo do Planeta o que mais lhe interessa, transformando os recursos Naturais à sua conveniência e devolvendo *"à fonte"* as matérias degradadas, umas capazes de ser recicladas a expensas de novos consumos energéticos, outras simplesmente tratadas a seu modo e em seguida devolvidas às origens, outras matérias ainda, uma vez degradadas são *"atiradas"* para os Ecossistemas usando estes apenas como recipiente da sua destruição.

Um dos sistemas constituintes do Planeta mais penalizado com tensões ambientais resultantes das actuais agressões de natureza antropogénica é sem dúvida a Atmosfera. A origem principal da poluição atmosférica é resultante das combustões dos mais variados combustíveis, sólidos, líquidos e gasosos.

Com a queima, sobretudo de matéria orgânica, são rejeitados para a Atmosfera os conhecidos gases de emissão, os óxidos de carbono (CO e CO_2), de azoto (NO, NO_2, NO_x) de enxofre (SO, SO_2) o vapor de água (H_2O vapor).

Também, resultantes das combustões são encontrados na Atmosfera metais pesados volatilizados como o chumbo, o zinco e o cádmio e outros compostos voláteis. As combustões que mais afectam a Atmosfera são originadas principalmente da Indústria, das Centrais Térmicas de Produção de Energia Eléctrica, das Viaturas Automóvel, da Climatização dos espaços ocupados das áreas Domésticas, Comerciais e Industriais.

A questão central quanto à deterioração ambiental não é a de se verificarem na Atmosfera gases distintos da sua própria composição (N_2, O_2, H, Hélio). Gases como o CO, CO_2, SO_2 sempre existiram através da história do Planeta. Estes são gases oriundos dos ciclos naturais da matéria o que constitui, no caso do gás CO_2, uma necessidade vital para que seja possível o fenómeno da fotossíntese no mundo vegetal. **A questão fundamental é a de que as quantidades de gases emanadas pela actual exa-**

Homem – Máquina – Paradigma da Vida Moderna

cerbada corrida aos combustíveis fósseis veio aumentar de modo sem precedentes a quantidade destes gases, sobretudo do CO_2 na Atmosfera, não conseguindo os Ecossistemas absorver uma cada vez maior quantidade destes. Como resultado destas emissões, principalmente do gás CO_2, que se fixa em camadas superiores da Atmosfera, "bloqueando" a dissipação térmica da superfície terrestre, elevando assim as temperaturas na troposfera tem como consequência mudanças climatéricas de gigantescas proporções, já identificadas embora ainda não suficientemente quantificadas em todas as suas mais trágicas dimensões.

Enquanto os efeitos resultantes das emissões de origem antropogénica se manifestam sobretudo ao nível da Troposfera, estas mesmas emissões têm ainda o seu lado mais negativo de afectação directa na vegetação, na criação de gado e na cadeia alimentar com impacte cada vez mais acentuado, é simultaneamente sentido pelas populações como factor detrimental do seu bem estar e de saúde pública. Paralelamente ao impacte resultante da queima de combustíveis fósseis para usos utilitários adicionam-se os efeitos cada vez mais crescentes das emissões provenientes das incinerações de resíduos sólidos, classificados como **resíduos banais** e **resíduos perigosos (RSB e RSP)**. A influência dos ventos atmosféricos com velocidades superiores a 2 m/s são determinantes para a deslocação dos efeitos nocivos das matérias resultantes destas combustões, sejam estas provenientes dos combustíveis fósseis ou das incinerações de matérias degradadas. As combustões provenientes dos sectores industriais sentindo-se cada vez mais nas zonas urbanas, vêm adicionar-se aos já pesados níveis poluentes destas zonas devido ao tráfego automóvel. As inversões de temperatura que se verificam na Troposfera, a cerca de 1000 metros da superfície, constituem outro fenómeno meteorológico que agrava os níveis de poluição sentida à superfície do solo. Estes factores de impacte são cumulativos, e convergindo numa zona localmente já poluída, condicionam fortemente as populações num habitat caracterizado, no mínimo, como pouco saudável. Os elementos químicos e bacteriológicos do ar respirado pelos humanos podem trazer-lhes doenças particulares cujo agravamento é determinado pelas concentrações do poluente num dado lugar agravando-se com os tempos de exposição do corpo humano aos mesmos.

As partículas poluentes com diâmetros superiores a 10 microns são normalmente retidas nas mucosas respiratórias superiores, sendo as partículas de dimensão inferior alojadas mais profundamente.

Não é contudo o impacte da poluição do ar apenas incidente nos Humanos de uma forma directa, isto é na respiração. Com efeito, as reacções químicas sobre os materiais, depósitos poluidores sobre as águas e sobre a vegetação em particular, podem ser altamente detrimentais para a saúde humana. Através dos ventos e das chuvas, algumas partículas poluentes existentes no ar atmosférico, que são produzidas a uma escala cada vez mais crescente, voltam à superfície da terra afectando negativamente os vegetais, os frutos, as águas, e assim também as pastagens e consequentemente carnes, leite e derivados. **Actualmente toda a cadeia alimentar contém em si mesma, doses mais ou menos significativas, consoante as zonas do Planeta, e das emissões poluentes de origem antropogénica verificadas em áreas relativamente afectas.** Os ciclos naturais da matéria tendo sido antropogenicamente modificados, actuam actualmente como veículo das agressões a que os Ecossistemas estão sujeitos. Num futuro próximo os problemas a resolver sobre os poluentes do ar resultantes das emissões de génese antropogénica devem ser identificados na sua globalidade pela "moderna" disciplina de **aerotoxicologia** abrangendo equipas específicas, multidisciplinares, nas áreas da química, da biologia celular, da toxicologia e da pneumologia. *A agressão à saúde Humana a partir dos poluentes do ar não se fica pelo ar exterior. Os espaços interiores, laborais ou de lazer e de tratamento são hoje locais de exposição humana vulneráveis à higiene e qualidade do ar nos espaços ocupados. As concentrações em matérias químicas e biológicas poluentes são, em particular nos centros urbanos, de grande preocupação para a saúde dos ocupantes dos espaços.*

Os espaços ocupados, sobretudo nos grandes centros urbanos, estão sendo em países socialmente mais desenvolvidos, objecto de contínua investigação no que concerne a saúde e bem-estar dos ocupantes e assim a sua produtividade laboral e intelectual. Os sistemas de ventilação, cada vez mais comuns nestes centros, ao transportarem para o interior dos espaços as quantidades suficientes de ar através de sistemas de filtragem (frequentemente deficientes ou inapropriados) que são destinados à inalação humana do indispensável oxigénio, transportam também consigo consideráveis quantidades de poluentes químicos e biológicos do exterior que grandemente afectam a saúde dos ocupantes.

As crescentes perturbações da função pulmonar, hoje bastante comum nos habitantes dos grandes centros, é disto um exemplo. Concentrações de SO_2 superiores a 300 $\mu g/m^3$.dia poderão trazer patologias res-

Homem – Máquina – Paradigma da Vida Moderna 99

piratórias agudas. O dióxido de nitrogénio (NO_2) não deverá ultrapassar os 400 $\mu g/m^3$.1 hora ou 150 $\mu g/m^3$. 24 horas(*)'. O elemento poluente monóxido de carbono que é difuso entre as paredes dos alvéolos pulmonares passando ao sangue, onde se fixa sobre a hemoglobina, forma a carboxihemoglobina. Assim combinado na hemoglobina, o gás monóxido de carbono (CO) diminui a capacidade de oxigenação dos tecidos e dos músculos. A exposição prolongada do corpo humano ao monóxido de carbono, que é em grande parte gerado nos centros urbanos a partir dos motores das viaturas automóvel, provoca a doença e o mal-estar comuns dos grandes centros urbanos(*)'', particularmente: cefalites, fadiga, distúrbios nos aparelhos visual e auditivo e na memória. Estes sintomas podem ser notórios a partir de doses de carboxihemoglobina de entre 5 a 15%.

Não sendo o objectivo deste livro descrever pormenores sobre Medicina Ambiental, disciplina médica aliás em grande evolução em países industrializados e socialmente desenvolvidos, é no entanto oportuna uma breve reflexão sobre a importância deste capítulo da Ciência Médica no tratamento dos impactes ambientais na saúde resultantes da agressividade actual de génese antropogénica aos Ecossistemas Naturais. Ao leitor mais interessado neste tema específico recomendam-se leituras da especialidade em Medicina Ambiental (Environmental Medicine).

(*)' – Dados propostos pela Organização Mundial de Saúde (OMS).

(*)'' – Existem outros tóxicos frequentemente consumidos com expressão cada vez mais avultada na vida moderna urbana como o tabaco, o álcool e as drogas em geral.

Poluição invisível e Ordenamento do Território

O comportamento actual das Sociedades resulta de uma verdadeira revolução no sentido histórico do termo. A acelerada mudança de hábitos operada sobretudo a partir das últimas décadas do século XX, veio "invadir" alguns preconceitos de equilíbrio ecológico formulados no passado: a mudança de estatuto da mulher, o controlo da natalidade, a igualdade de sexos no que se refere a direitos e liberdades, e a eliminação de um número considerável de normas morais relativas aos sistemas ideológicos e religiosos, constituíram factos que marcaram roturas profundas com o passado considerando-se na actualidade irreversíveis.

Hoje não há mudança social a partir de decretos... cada grupo social "produz" de modo mais ou menos controlado as suas "Instituições", correspondentes aos seus hábitos e valores, e até à sua "mitologia". As Sociedades escolhem o seu caminho modelar de acordo com o seu entendimento sobre muitos aspectos que se relacionam com o seu habitat, designadamente no quadro do Ordenamento do Território.

Hoje é possível, pelas mais diversas zonas do Planeta, ver-se de tudo no domínio da Organização Territorial, desde as maiores e mais insensatas agressões aos habitats humanos até às mais agradáveis e certamente harmoniosas *ilhas de ordem* no que concerne ao Ordenamento do Território. E nem sempre se vêem os melhores e mais equilibrados habitats nos países industrialmente mais intensos e ricos. Como alguém dizia *"para se fazerem grandes coisas quanto aos habitats humanos não é necessário ser-se génio, nem estar acima dos Homens, é sim necessário estar-se com eles"*. As mutações verificadas a partir das últimas décadas do século passado, vieram tornar cada vez mais caducas as grandes diferenças e rivalidades entre o mundo rural e o urbano. As escolas, o acesso aos media e os modos de vida em geral, estão tornando-se cada vez mais iguais entre o mundo rural e as periferias urbanas.

O mesmo se pode dizer em relação aos comportamentos sociais no que se refere ao respeito pelo equilíbrio dos Ecossistemas Naturais. A tradição diz que o homem rural, por estar mais em contacto com a Natureza, tinha para com ela uma sensibilidade própria, mais desenvolvida e de modo mais intuitivo ou racional, conseguindo na sua interacção com os Ecossistemas uma ligação mais profunda do que o homem da cidade. Hoje, os tratamentos e sensibilidades são cada vez mais comuns ao habitante da cidade e do campo. O homem rural, por informação sobre técnicas e meios modernos aplicáveis às suas fainas vai utilizando cada vez mais tecnologia e substâncias químico-fertilizantes e fitofarmacológicas, destruidoras do seu próprio habitat natural. Destrói os solos por um contínuo "envenenamento" da biodiversidade destes, contaminando a sua própria base alimentar, destrói as toalhas de águas, outrora potáveis, de onde ainda grandemente se alimenta. Enquanto isto, o habitante dos grandes centros urbanos vai, a seu modo, acompanhando o "progresso" tal como o entende... usa toda a tecnologia disponível que pode, deslocando o trabalho braçal a favor da máquina e da tecnologia, envia os excedentes alimentares para recolha do modo mais simples que pode, não promove as reparações das máquinas que usa, substituindo-as por novos equipamentos e rejeita a seu modo o que não lhe interessa, sem muitas vezes possuir a mais remota ideia dos destinos destas degradadas matérias.

Este tipo de comportamento é cada vez mais seguido pelas sociedades rurais. O paradigma de vida das Sociedades Ocidentais torna-se cada vez mais igual e universal e daí a crescente afluência do homem rural aos centros urbanos na esperança de encontrar um modo de vida cada vez mais fácil, não tendo o pesadelo do passado na dificuldade de adaptação a um habitat estranho.

Esta nova realidade coloca ao Ordenamento do Território sérios problemas a resolver, isto é, a crescente concentração das pessoas nos grandes centros urbanos, implica um rever contínuo do planeamento urbanístico em todas as infra-estruturas afectas às necessidades básicas do quotidiano dos cidadãos: infra-estruturas físicas, educação, emprego e segurança social.

Em termos de ordenamento ambiental a contribuição das árvores para mais harmonia natural do habitat faz muitas vezes de *blindagem* aos poluentes atmosféricos que sem limites se vão gerando por todo o lado dos centros urbanos. Paradoxalmente quando os grandes centros urbanos crescem em betão, mais espaços verdes deveriam ser reservados nas cer-

Homem – Máquina – Paradigma da Vida Moderna   103

canias das construções. É exactamente o contrário que se verifica... quanto mais construção e crescimento económico mais empolamento no valor monetário dos terrenos e para infortúnio dos habitantes, menos espaços verdes são tornados disponíveis.

As árvores, paralelamente à capacidade de retenção de grandes quantidades do CO_2 atmosférico, reduzem a quantidade de partículas em suspensão no ar. Os jardins são, dentro dos centros urbanos, os locais com ar menos poluído por esta razão. As plantas e as árvores de grande porte em particular, constituem fontes insubstituíveis de absorção do gás carbónico existente na atmosfera ao nível da troposfera e fornecem ao ambiente, em contrapartida, o oxigénio. Nesta jornada diária a que se dá vulgarmente o nome de *"fenómeno fotossíntese"*, aproximadamente 15 gramas de folhas captam cerca de 40 mg de CO_2 por hora. No entanto, com a falta de luz, a mesma quantidade de folhas devolve ao ambiente também alguma porção de CO_2, embora muito inferior à que captou à luz do dia.

O grande sindroma para a vida e para a saúde pública nos grandes centros é o da qualidade do ar no ambiente físico dos espaços interiores onde a população em geral passa mais de 20 horas/dia, isto é, durante o total das horas de trabalho e de lazer.

Importa conhecer-se que o gás dióxido de carbono (CO_2) libertado pela respiração humana nos espaços interiores pode ser compensado durante as horas de radiação solar pelas plantas interiores existentes absorvendo estes gases e tornando o ambiente físico mais confortável e saudável. O gás dióxido de carbono (CO_2) não é contudo o único poluente existente sobretudo nos recintos laborais fechados, embora seja o que se encontra em maiores quantidades. De entre outros poluentes críticos existentes no ar atmosférico, o tricloroétileno, conotado com alguma probabilidade de ser um cancerígeno hepático, e que é normalmente utilizado nos processos de limpeza a seco e no desengorduramento dos metais, deve ser devidamente controlado quanto às suas dosagens num ar ambiente que esteja sujeito à respiração humana. O tempo de exposição a este poluente é determinante na avaliação da sua nocividade. O fabrico das tintas, lacas, vernizes e substâncias adesivas, constitui outra aplicação deste gás. A redução de nocividade deste gás pode ser efectiva através da folha da planta onde pode ter um impacte benéfico na ordem de absorção de 7 microgramas por cm^2 de folha.

Outro gás poluente dos espaços interiores mais frequentemente encontrado nos locais laborais é o gás benzeno que está presente nas gasolinas, tintas, óleos, plásticos, borrachas, detergentes e no fumo do tabaco. Este gás manifestando-se irritante para a pele e olhos, para tempos de exposição prolongados, causa dores de cabeça, perda de apetite e está conotado com um potencial risco de contracção da doença leucemia.

Estes são apenas alguns dos factores de conflitualidade no ar interior dos espaços dos grandes centros urbanos, *onde tudo o que parece desenvolvimento e modernidade muitas vezes não passa de uma ilusão*. E este facto está relacionado com a procura exacerbada das tecnologias e dos novos produtos para a satisfação momentânea das necessidades humanas, não se investigando devidamente as consequências futuras num contexto de vida Humana saudável. O conjunto dos cidadãos mais desprotegidos ou impreparados no conhecimento das ciências da saúde exigem produtos de grande eficácia para resolver *"já"* os seus problemas. Infelizmente as autoridades dos países não estabelecem, normalmente, regras suficientemente eficazes e protectoras para a defesa dos cidadãos. Na actualidade, um país, ou região que não cuide suficientemente do seu Planeamento Territorial inflige perdas irreparáveis nos cidadãos, os quais, vivendo num paradigma de vida que *"herdaram"* há cerca de 300 anos, preocupam-se cada vez mais em obter apenas o que lhes é essencial à sobrevivência não fazendo geralmente reparo nas mais eminentes consequências.

Existe hoje no quotidiano das pessoas um tipo de **poluição invisível** e detrimental à saúde humana que, infelizmente, passa despercebida à grande maioria das populações devido à acelerada *"corrida pela vida"*.

Os compostos orgânicos voláteis (COV) hoje encontrados nos grandes centros em quantidades cada vez maiores, que paralelamente à poluição de gases de outras origens como os anteriormente citados, impõem tremendas cargas poluitivas sobre a saúde humana que urge reflectir e *agir* do modo mais eficaz. *As actividades económicas só são necessárias até ao ponto de poderem destruir outros valores mais elevados e caros à Humanidade*. O crescimento das cidades deve ter os seus limites com base na saúde e bem-estar e não nas conveniências individuais ou de grupo.

Os compostos orgânicos volatilizados emanados em grandes quantidades nos centros urbanos são provenientes de uma infinidade de produtos de origem orgânica os quais, pela acção do calor da radiação solar gasificam (volatilização) encontrando-se na Atmosfera (ao nível da Troposfera) em condições de serem absorvidos pelo corpo humano (aparelho respiratório). Sendo estes compostos orgânicos produzidos sobretudo no exterior, são os sistemas de ventilação que os transportam para o interior dos espaços ocupados contribuindo assim para adicionais impactes negativos na saúde humana. Embora o corpo humano esteja preparado para absorver quantidades de poluentes em doses bem determinadas, a questão mais importante a resolver é devido ao facto de estes poluentes ultrapassarem actualmente em muitos locais as doses toleráveis para um corpo humano saudável. Está na ordem do dia, como sendo das necessidades mais vitais o estabelecimento de regras e **sobretudo o controlo efectivo,** para a redução de emissões gasosas a valores mínimos aceitáveis na maior parte das zonas urbanas. O impacte no ambiente físico interior de efeito cumulativo no corpo humano, em que o tempo de exposição é determinante, poderá implicar sérias perturbações físicas e até psíquicas com perdas irreversíveis para as populações.

A actual ordem económica nos países industrialmente intensivos e em todos aqueles em vias de desenvolvimento, não deixa alternativa à proeminência das cidades e áreas metropolitanas, para crescerem populacionalmente a ritmos acelerados. Estes centros, onde as populações acorrem cada vez mais para resolver os seus problemas imediatos, e se fixam na legítima esperança de melhorar a sua qualidade de vida, vão trazendo aos poderes autárquicos questões da mais difícil resolução. Idealmente as cidades do futuro no mundo Ocidental teriam de ter um pouco da "reconciliação" entre Atenas e Roma da antiguidade, isto é, a valorização dos espaços em função da mais nobre das necessidades do Homem, que é o *direito à vida saudável.* Cidades e Centros urbanos de média dimensão deverão ser hoje legítimos candidatos a um Planeamento cada vez mais humanizado, limitando cada vez mais espaços de construção a bem da sua própria sustentabilidade através dos tempos. O tratamento igualitário, a quadrícula e a hierarquia das cidades pelos seus méritos, constituem a necessária motivação para o desenvolvimento de todos, com a ordem, na estabilidade, na hierarquia e no desenvolvimento humano que são afinal sinónimos de mestria, conduzindo assim a Sociedades que respeitem os seus valores como a Vida e a Natureza.

Entropia Ambiental e Saúde Pública

A Medicina Ambiental em desenvolvimento nas Sociedades mais industrializadas e tecnologicamente mais avançadas, vai atenuando no tempo as condições adversas à sustentabilidade de vida provocadas pelo paradigma de vida das populações, tomando soluções curativas, entretanto louváveis, e contrapondo assim a adversidade provocada pelas externalidades: deterioração da cadeia alimentar, da qualidade do ar, das águas, os efeitos dos ruídos e da radiação electromagnética.

A Medicina moderna, como se verifica noutras disciplinas científicas e tecnológicas das sociedades contemporâneas, acomoda-se e rende-se ao acompanhamento activo das consequências, contrapondo com as respectivas acções correctivas resultantes, atenuando assim no tempo os efeitos mais negativos do actual paradigma Homem-Máquina.

A Filosofia actual nesta matéria, e em termos gerais dominante por todo o mundo Ocidental, é a de que a Natureza, tendo sido concebida em termos "mecânicos" levou a que a Biologia acompanhasse e sustentasse a ideia de que um organismo vivo possa ser "visto" como uma máquina o qual por sua vez pode ser desintegrado e integrado de novo nas suas funções mais vitais uma vez bem entendidas as funções das partes. Este conceito tem levado a que se aceitem os processos que levam à doença em que as respostas do organismo humano são tomadas como algo com possibilidades terapeuticamente intervencionáveis ao nível da cirurgia, dos métodos químico-biológicos e da electromedicina. Um sistema de Medicina Preventiva da doença não é visto, geralmente, pelas Sociedades Ocidentais como algo de transcendente importância. O comércio também aqui domina!

Na actualidade, no mundo industrializado ou em vias disso, os custos da medicina cifram-se em cerca de 10% do PIB. Destes custos a maior parte vai para manter as Instituições de Saúde que não param de crescer por todo o lado. O antigo médico de família é cada vez mais substituído pelos grandes centros médicos de tratamento privados onde a pessoa terá atenções personalizadas, embora também aqui tudo se passe de uma forma socialmente selectiva, isto é, onde este tipo de assistência à saúde é cada vez mais rara e infelizmente mais inacessível às populações de mais fracos recursos. A centralização dos serviços médicos, o maior grau de especialização e os correspondentes sofisticados equipamentos, tudo em termos globais, se traduz num crescente aumento de custos ao utente e ao erário público ao mesmo tempo que as populações dispõem cada vez menos de um atendimento a nível íntimo e personalizado. A corrida acelerada no número de atendimentos/dia domina e prevalece sobre o atendimento íntimo de modo a dedicar mais atenção psicossomático do indivíduo.

À medida que os crescentes consumos energéticos incidem sobre as Instalações e Equipamentos de Saúde, os impactes na desordem ambiental (aumento de Entropia) são cada vez mais elevados "*castigando*" cada vez mais os Ecossistemas de que a saúde humana depende. Este é, uma vez mais, um fenómeno cíclico do qual parece não podermos sair. Embora os profissionais de saúde, no geral, não se sintam confortáveis com este tema, a verdade é que também o fenómeno da modernidade médica pode ser interpretado à luz das grandes Leis da Termodinâmica, isto é, que a justificação do aumento de Entropia no Planeta também reside na substituição da atenção individual ao paciente pela máquina de rápida gestão e de mais fácil entendimento. A este respeito atente-se no tempo que o médico moderno despende no computador durante a consulta, quando comparado com a indispensável conversa que deve ter com o seu paciente. Um paradigma de vida Humana sustentável requer atenção em múltiplos aspectos da interacção da pessoa com as suas facetas no quotidiano, com o modo de vida que tem actualmente, isto é, centrado e totalmente dependente da Máquina. Ao continuar-se com o actual paradigma de vida, a própria Medicina não poderá, de modo eficaz, responder num futuro próximo, às necessidades mais profundas da saúde das populações. Relativamente ao modo cada vez mais científico e tecnológico e menos pessoal-interactivo, os custos económicos resultantes para a Humanidade face a este hipotético sucesso médico-científico, tornarão estes métodos "*per si*" inviáveis. Nunca será o valor da Ciência Médica colocado em causa mas sim os actuais métodos(*)' usados nas suas mais variadas aplicações. A globa-

---

(*)' – Em expressão anglo-saxónica melhor se entenderia esta palavra por "*approach*".

Homem – Máquina – Paradigma da Vida Moderna 109

lidade psicossomática na saúde e bem-estar do ser Humano é algo que só dificilmente pode ser contrariado.

Os fenómenos da doença provocada por questões relacionadas com a degradação ambiental ainda são normalmente ignorados pela maioria das populações por não existir uma formação social adequada a este fenómeno. Estes impactes na saúde são difíceis de detectar nas causas, a curto termo pela Medicina, trazendo este facto, cada vez mais interrogações e questões a resolver pelas Ciências Médicas. Os efeitos da ingestão de produtos alimentares afectados com Poluentes Orgânicos Persistentes (POP's) que não são geralmente detectáveis em curtos períodos de tempo, podem no entanto trazer aos consumidores as mais adversas consequências.

Nos alimentos afectados com este tipo de poluentes (POP's) estão muitos dos insecticidas e pesticidas e alguns fertilizantes usados na Agricultura. O largamente usado no passado, hoje felizmente proibido na Europa, DDTC, é deste facto um exemplo. Doses de produtos conotados com os poluentes persistentes (POP's) são ainda hoje usados na Agricultura, sem que muitas vezes haja qualquer conhecimento acerca das sobredosagens e suas implicações na saúde pelos utilizadores. É esta sem dúvida uma das causas das múltiplas e "modernas" doenças que com mais ou menos gravidade vão afectando a saúde geral das populações.

Na incerteza da clara origem das doenças, a probabilidade é elevada de que os profissionais de saúde possam actuar na experimentação com o paciente, levando-o eventualmente a tratar-se com medicamentos de acção oposta ao que pretende. As doenças com base em Iatrogénicos(*)'', devem ser hoje uma fonte de preocupação no mundo médico-científico e não menos na população-paciente.

Sob a influência dos factores ambientais adversos cada vez mais na *corrente oposta à saúde humana*, a acção medicamentosa intensiva vai tentando um fictício equilíbrio frequentemente actuando do lado da experimentação médica. Por exemplo, no que concerne à cadeia alimentar humana, existem milhares de diferentes produtos aplicados internacionalmente na Agricultura, desde os fitofármacos aos fertilizantes, cujas implicações na saúde não são conhecidas e uma vez absorvidos via ingestão directa ou indirecta (através da cadeia alimentar complexa), poderão exer-

---

(*)'' – Doenças induzidas pelos próprios medicamentos.

cer efeitos deveras maléficos num vasto âmbito psicossomático. Obviamente a Medicina não consegue (nem o poderá conseguir a curto termo, por razões óbvias de diagnóstico), o acompanhamento em simultâneo de todas as sequelas derivadas das acções actualmente infligidas pelo Homem aos Ecossistemas. A acção medicamentosa intensiva por meio de antibióticos actuando na infecção representa um exemplo de profunda preocupação. Estes, destruindo indisciplinadamente as bactérias no organismo humano, neutralizam ao mesmo tempo muitos micro-organismos de importância vital para a regular manutenção do próprio corpo humano. Como consequência, as infecções intestinais, a deficiência vitamínica e outras incorrências negativas resultam frequentemente do continuado recurso aos antibióticos.

Dos 6 a 8 mil produtos medicamentosos hoje legalmente distribuídos às populações, em cerca de metade não existem certezas sobre a sua efectiva utilidade no combate à doença.

Obviamente que os efeitos laterais desta corrida sem precedentes à acção medicamentosa são parcialmente duvidosos levando muitos milhares de utentes a recorrer diariamente aos Hospitais. Na década de 70 foram realizadas investigações nos EUA onde se concluiu que um em cada cinco utentes tratados nos Hospitais deste país adquiriu doença iatrogénica, isto é, originada na acção medicamentosa.

Sem dúvida, o processo de Alta Entropia em que a população dos países industrializados e em vias disso está inserida tem o seu impacte em todas as facetas da vida Humana. O paradigma Homem-Máquina, com todas as conveniências e inconveniências, uma vez implantado há cerca de um século, está criando novos desafios aos seres Humanos, atingindo as áreas mais críticas para a sua sobrevivência, como a saúde. Esta área é sem dúvida a mais vulnerável e crucial. Apesar de tudo, a esperança de vida(*)' desde os princípios do século XX tem crescido de valor, prevendo-se no entanto que num futuro próximo esta taxa de crescimento possa infelizmente estagnar ou até regredir devido aos efeitos multiplicativos dos problemas ambientais e os consequentes impactes na saúde a que estão sujeitas as populações. Os governos dos países socialmente mais atentos a estes fenómenos sabem agora da correlação positiva que actualmente existe entre o evoluir da doença nos Humanos e o paradigma de vida de Alta

---

(*)' – Esperança de vida – valor de significado estatístico na amostra global de longevidade de uma população.

Entropia, que é cada vez mais visível e acentuado nos comportamentos económico-sociais com base nas petro-economias. Enquanto as populações em geral vivem geralmente alienadas da grave situação ambiental no que aos impactes na saúde diz respeito, sabe-se por exemplo, que nos grandes centros populacionais a poluição do ar é de tal forma grave que aos condutores de táxi não é recomendada a benemérita atitude de *dador de sangue* devido aos elevados teores de monóxido de carbono que possuem no organismo! A qualidade de sangue destes profissionais não é recomendada para transfusões de pessoas com doenças do foro cardiovascular! Desde a passada década, têm sido realizados testes ao leite materno confirmando-se que os conteúdos de resíduos pesticidas no leite materno estão aumentando de valor de modo sem precedentes. As transformações possíveis na cadeia alimentar humana são infelizmente desconhecidas da maioria das populações e este facto justifica a passividade com que estas encaram os actuais desafios que enfrentam no domínio da saúde e bem-estar.

Após a Segunda Grande Guerra Mundial a corrida ao consumo de substâncias químicas nas aplicações agrícolas, grande parte delas com base no petróleo, particularmente os comercialmente chamados *insecticidas*, e *pesticidas*, levaram a previsões efectuadas por algumas Associações Médicas internacionais, concluindo-se ao tempo que as doenças cancerígenas iriam propagar-se a partir das décadas de 80 e 90. A verdade é que, infelizmente, estas previsões se estão verificando, para desespero da Humanidade. O *"Homo Sapiens"* não foi definitivamente concebido para o Ambiente físico que actualmente é forçado a enfrentar. A anatomia do corpo humano continuando essencialmente a mesma desde que os Humanos apareceram no Planeta há milhões de anos, tem todavia vindo a sofrer as mais dramáticas adaptações na adversidade desde o seu aparecimento, pese embora o facto de a vida, no esforço físico necessário à realização do trabalho, ser incomparavelmente menor à medida que o tempo "avança".

A Ciência tem evoluído no sentido de justificar, com cada vez mais clareza, a importância dos factores genéticos no desenvolvimento da doença. Esta asserção é no entanto contestada por algumas fontes científicas. Por exemplo, *René Dubos na sua obra "Men Adapting" afirma que certos genotipos são menos resistentes que outros a um ambiente específico e, este facto, é comprovado pela maior ou menor incidência de doenças do foro da Medicina Ambiental.*

Sabe-se que na antiguidade as doenças infecciosas eram virtualmente desconhecidas nos ambientes mais "virgens" onde as comunidades eram de pequenas dimensões e de grande mobilidade com um estilo de vida virado ao exterior. Está encontrada, através destes relatos históricos, a tese de que as infecções bacterianas são função de um certo ambiente físico e de um modo de vida mais ou menos sedentário.

Em ambientes agrícolas onde existe um contacto próximo e permanente devido às características próprias de vida das populações, os animais domésticos, os insectos e os roedores são muitas vezes portadores de doenças infecciosas.

Nos mais intensos ambientes industrializados a causa principal da doença está directa ou indirectamente conotada com a dissipação da energia de génese não-Renovável e consequentes emissões gasosas sob a forma de poluição atmosférica.

O tremendo crescimento nas taxas de doenças cancerígenas e cardiovasculares no Ocidente confirma o impacte negativo do uso acelerado das energias de base petróleo na saúde humana. É também evidente nas investigações afins realizadas, que a frequência com que as populações são surpreendidas com estas doenças, são função directa, principalmente, do tipo de actividade que desempenham, do modo de vida que exercem nas horas de lazer e do tipo de alimentação.

Não obstante o conforto aparente do paradigma de vida centrado na Máquina e a consequente substituição do esforço físico por esta, parece evidente que a presente escalada das Sociedades na corrida ao uso da Energia não-Renovável, com base no petróleo, não leva a qualquer prosperidade presente ou futura das populações em geral, quer nas condições de vida económica e social quer no domínio do bem mais fundamental da vida – a saúde. Não se apresenta às populações presentemente a viver num paradigma de elevada Entropia, outra opção de vida viável e sustentável que não seja a do retorno a um estilo de vida centrado **principalmente** nas energias renováveis o que implicará, definitivamente, e sem equívocos, voltar a um paradigma de vivência com base em muito menores fluxos energéticos e consequentemente a um modo de vida em Baixa Entropia, isto é, **com base na suficiência** *versus* **abundância de meios materiais.**

A Crise Energética e as Energias Renováveis

*Que Fluxos Energéticos poderão as Sociedades esperar
da aplicação generalizada das Energias Renováveis?*

À medida que as Sociedades vão recebendo cada vez mais informação sobre o possível **esgotamento, pelo menos a custos suportáveis, das reservas energéticas não-Renováveis,** vai-se gerando a forte e última esperança no Sol, no Vento, na Biomassa, nas Marés e no Hidrogénio. Estas formas de energia, na concepção de algumas pessoas resolverão toda a problemática de carência Energética e simultaneamente Ambiental, já que as Energias Renováveis são, por excelência, não poluidoras. Assim sendo, o pensamento generalizado das populações é o de que o actual paradigma de vida do "quanto mais e mais rápido melhor" é para manter e para durar! Nada mais errado! A mudança drástica nos fluxos energéticos que conduz as Sociedades do actual paradigma Homem-Máquina para uma Nova Ordem Energética baseada nas Energias Renováveis **impõe necessariamente a "construção" de uma Sociedade com um estilo de vida próprio, isto é, de Baixa Entropia, portanto contrário ao paradigma do "quanto mais e mais rápido melhor".** O estilo de vida com base nas Energias Renováveis conduz a outro *modus vivendi* em que o Homem, tendo uma nova visão da sua própria sustentabilidade, imprime a si mesmo uma nova responsabilidade, uma atitude centrada no **"quanto mais respeito pelos Ritmos Naturais melhor".** Este *volte face* pode parecer aos mais pragmáticos incrível e por isso não atingível, mas é contudo, o único paradigma que pode desviar o Ser Humano da sua actual caminhada no sentido caótico para onde se dirige actualmente. E quando se fala num futuro próximo, significa duas a três dezenas de anos, isto é, por volta de meados do século XXI.

As Energias Renováveis, particularmente a Solar, serão inevitavelmente crescentes e generalizadas nas aplicações domésticas dentro de uma dezena de anos. Esta é a consequência da actual delapidação dos Recursos Energéticos não-Renováveis à qual acresce ainda as guerras e conflitos à escala mundial, que acontecem em particular e sempre nas zonas mais ricas em petróleo. Nestes ambientes onde se desenvolvem cenários de guerra, são destruídas e queimadas quantidades inimagináveis de petróleo. As guerras, centradas principalmente em zonas petrolíferas do Planeta, evidenciam o egocentrismo Ocidental na corrida ao petróleo, não olhando a meios para obter o que mais lhe interessa no momento.

Com os elevados custos energéticos e de reparação ambiental que se aproximam, as viaturas automóvel serão, gradualmente e cada vez mais movidas a Energia Eléctrica, produzida a partir de fontes renováveis, não emanando gases poluentes, nos centros urbanos e rurais. Os painéis solares para o aquecimento de águas domésticas serão cada vez mais comuns e tornados acessíveis às populações. Os resíduos urbanos sólidos e líquidos serão progressivamente convertidos em gases combustíveis (metano) para serem utilizados em centrais de energia em cogeração (produção em simultâneo de energia térmica e eléctrica). Geradores eólicos constituirão cada vez mais grandes parques de produção de potência eléctrica. Grupos aerogeradores de pequena e média dimensão serão implantados para o desenvolvimento de pequenas e médias áreas de produção agrícola. Plantações agrícolas destinadas à produção bioenergética crescerão sobretudo em países onde grandes áreas territoriais e tipos de solos disponíveis o permitam.

Para o cidadão comum, menos informado nestas matérias, parece que poderemos no futuro próximo, dando o devido crédito á transformação e mudança de fontes energéticas, continuar a "dormir descansados" e a "comer o bolo e apesar disso continuar com ele". Nada mais longe da verdade! **A transição da actual situação energética para a "Era Solar Energética" requer uma completa reformulação das actuais actividades económicas e do comportamento social a todos os níveis das populações.**

Literalmente a Economia Ocidental como existe hoje foi estruturada e formulada há cerca de 300 anos, onde as actividades económicas centradas na base do carvão, primeiro, e no petróleo depois, permitiram o crescimento espectacular que todos podemos presenciar. Esta estrutura industrial e económica centrada nos combustíveis não-Renováveis, é completamente impossível num futuro próximo. No contexto da aplicação das

Homem – Máquina – Paradigma da Vida Moderna 115

novas Energias Renováveis como fonte energética principal, será intransigentemente pedido às populações a total disponibilidade para a "viragem" de paradigma de vida. Todas as Sociedades, sem excepção dos locais onde vivem e classes sociais a que pertencem, devem preparar-se para viver com menos abundância energética e sobretudo menos desperdício, respeitando cada vez mais a Natureza. **As Energias Renováveis não estão hoje, nem é possível estarem no futuro, próximas de poderem gerar potências de valores minimamente comparáveis às que actualmente são conseguidas na base do petróleo, do carvão ou da energia nuclear.** Daí que o actual paradigma de vida Homem-Máquina fique, num futuro próximo, obsoleto.

Os parques energéticos Eólicos, de Energia Solar Térmica e Fotovoltaica, de Transformação Biomassica e Hídricas sustentarão apenas de 40 a 50% da demanda total (Eléctrica + Térmica) das necessidades energéticas das populações nas próximas décadas. Obviamente o restante não virá de parte alguma(*)', ou melhor, o preenchimento cabal das necessidades energéticas virá indirectamente das economias e racionalização dos consumos que as próprias Sociedades conseguirem através da concepção e prática de um diferente estilo de vida. Para os mais pragmáticos e descrentes desta possibilidade o argumento é a "fome no mundo", o que em verdade deve preocupar todos. No entanto, pergunta-se qual a alternativa? Continuar a produzir ao ritmo actual e encaminharmo-nos para o colapso energético e ambiental não podendo então acudir às necessidades vitais, onde quer que seja, acabando com o emprego das populações e outras necessidades, ou seguir outro caminho, mais sustentável, noutro paradigma de vida com mais e melhor educação e formação profissional e aceitação de outra motivação laboral específica das populações para a produção dos bens necessários nos seus próprios países. Continuar-se com o "saque" dos Recursos Energéticos em alguns dos países onde as Sociedades vivem, geralmente, em pobreza e em extrema pobreza, dando-lhes em troca compensatória alimentos e outros géneros de forma avulsa e muitas vezes insuficiente, não é a forma sustentável de se pensar o Mundo.

A transição do actual sustentáculo do mundo industrializado – o petróleo – para outro com base nas Energias Renováveis é sem dúvida o

---

(*)' – A generalização da energia nuclear sobretudo em países de pequena dimensão é, não só inviável, como a verificar-se seria um desastre tremendo para as populações respectivas, sobretudo por razões ecológicas no que concerne à gestão de resíduos.

maior, porque mais abrangente, evento na mais recente História da Humanidade. O cidadão comum terá naturalmente dificuldades em rever-se nesta transição. Contudo, não se lhe afiguram outras alternativas viáveis. Ao nível dos actuais consumos energéticos Industriais e Urbanos, os indicadores para a radiação Solar e cálculos afins para a Energia a produzir, determinam que, *como exemplo, para um país da União Europeia como Portugal, sendo uma das melhores regiões para a implementação dos sistemas solares, uma cobertura de solo em painéis solares de todos os tipos na ordem dos 15 a 20% da sua área territorial total, seria necessário para a satisfação completa dos actuais consumos energéticos neste país, a viver num paradigma de suficiência de meios materiais.* Esta seria obviamente uma condição inexequível qualquer que seja a perspectiva de observação e análise técnico-económica de viabilidade de um projecto desta natureza. É óbvio que qualquer exercício sobre esta grandeza de projecto terá apenas valor puramente teórico e portanto afastado da realidade prática.

Por exemplo, para a cidade de Lisboa, para que fosse possível o abastecimento completo das suas necessidades energéticas com base na Energia Solar, seria necessária a cobertura de uma área mínima, com painéis solares de todos os tipos, (térmicos, passivos e fotovoltaicos) equivalente a 3 vezes a área da própria cidade.

De facto a implantação das Energias Renováveis traz consigo necessariamente a mudança de atitude nas populações consumidoras de energia passando do "**uso e abuso**" para o "**uso do essencial e zero abuso**", isto é, necessita de uma base educacional da parte das populações indiscutivelmente superior do ponto de vista cívico.

O potencial das Energias Renováveis de qualquer tipo traz consigo também o conceito de "**Energia Líquida**" cujo significado é o de os equipamentos destinados à conversão sol/vento/biomassa em Energia usável, consumirem directa ou indirectamente, por si sós, consideráveis quantidades de Energia na sua fabricação, no transporte aos locais para instalação e assistência técnica, por último, no fim da sua "vida útil", na sua destruição e reciclagem. Há portanto o válido conceito de *"energia líquida"* ou de *"net energy"*, que é aplicável na avaliação da viabilidade técnica e económica destas novas fontes energéticas. As experiências actuais indicam, entretanto, que as implicações deste conceito não impossibilitam a promoção das Energias Renováveis como únicas fontes Energéticas sustentáveis capazes da resolução dos graves problemas energético-ambientais do presente e futuro. Paralelamente à sua utilização à superfície terrestre, a

Energia Solar é cada vez mais usada na Indústria Aeroespacial tornando possível a construção de milhares de satélites, hoje em operação, evoluindo para gigantescas instalações espaciais como a International Spacial Station (ISS) cujo início de funcionamento previsto é 2010, com uma área superior a 20000 m^2 e instalada à altitude de cerca de 400 km da superfície terrestre.

Na primeira década do século XXI, a Energia Solar é sem dúvida entre todas as formas de Energia Renovável, a mais promissora para o futuro da Humanidade.

Poderia parecer que sistemas colectores concentradores de radiação solar, colocados a elevadas altitudes e portanto, com elevadíssimas capadades concentradoras de radiação, pudessem ser **fontes energéticas de grandes proporções** ao transmitir para a superfície terrestre essa energia e assim se resolvesse a curto termo parte dos problemas dos habitantes da Terra. Uma vez transmitidas para a superfície terrestre, só aparentemente, estas intensas quantidades energéticas a partir do espaço poderiam resolver grande parte das necessidades humanas. Um dos maiores obstáculos nesta realização, está conotado com as radiações electromagnéticas que seriam geradas e propagadas nessa transmissão. Estas altas densidades energéticas, e consequentemente elevadíssimos valores de intensidades magnéticas, por sua vez incidentes na superfície do Planeta seriam responsáveis por danos irreparáveis na saúde humana. Uma vez mais há limites técnicos, económicos e ambientais no uso da Energia mesmo quando se trata das Energias Renováveis. **Os Princípios da Termodinâmica são para o ser Humano simultaneamente um guia e um aviso dos riscos que se incorre na sua depreciação**.

O uso das Energias Renováveis como forma de energia base para as Sociedades do futuro próximo impõe uma grande conformidade e cumplicidade com os antigos ritmos de vida. Esta afirmação pode levar os mais pragmáticos defensores do actual ritmo Homem-Máquina a pensar que doravante o pensamento Social terá de regredir na sua evolução para sobreviver. Não é essa a mensagem que se pretende transmitir. Antes pelo contrário, trata-se da substituição da egocentricidade pelo civismo humano. Fala-se de um **ritmo de vida** que não é o que imprimimos actualmente às nossas vidas, isto é, do **"quanto mais e mais rápido melhor"**. *A opção é clara... a vida ou o caos social em todas as suas dimensões mais vitais.* Enquanto ainda serão possíveis, num futuro próximo, alguns usos moderados da energia não-Renovável, os consumos e suas consequências ao ritmo actual estarão necessariamente cada vez mais longe das possibilidades económicas das populações. E este será o maior drama se continuarmos com o actual paradigma de vida. Os custos da Energia, com base nos hidrocarbonetos, devido à exacerbada corrida aos consumos nos últimos cinquenta anos, terá um significado cada vez mais determinante nas condições de vida das populações pelas proporções da demanda que se atingirão nas próximas décadas passando de progressão aritmética a geométrica. A razão é simples de entender: As operações de extracção, sob controlo dos grandes grupos que têm como objectivo único os grandes lucros monetários, são realizadas sempre das situações mais fáceis e menos onerosas para o inverso e, naturalmente, à medida que o tempo "passa", o empolamento do preço dos combustíveis será reflexo desta filosofia do grande lucro. Esta é uma das maiores certezas para as populações. A todas estas dificuldades para além das guerras e conflitos em zonas petrolíferas, se acrescem os custos directos na reparação dos impactes nos Ecossistemas Naturais.

Desespero e Esperança no actual paradigma de vida das Sociedades

Alguém afirmou que *"a escuridão do futuro nunca será presenciada se no presente existir a luz e um caminho firme e determinado"*.

O estilo de Alta Entropia que se vive actualmente esgotará num futuro próximo as possibilidades de uma sobrevivência digna. Às pressões económicas a que estão actualmente sujeitas as Sociedades sobretudo devido aos custos directos e indirectos da energia, somam-se os custos das externalidades ambientais crescentes, com as origens mais diversas, cujo impacte sobre os Humanos é cada vez mais intenso e de múltiplos efeitos na saúde das populações. **O próprio ambiente psicológico e social reinante devido ao grau de Entropia física a que se chegou**, está-se tornando cada vez mais desumano e consequentemente menos aprazível ao comum dos cidadãos. Algo deverá promover-se para que a palavra hoje comum, **Sustentabilidade de vida,** tenha real sentido e projecte o pensamento humano na busca de soluções para a realização de um novo sustentáculo energético, antes de se atingir o estado caótico que se afigura mais ou menos próximo no tempo. **A nossa actual geração enfrenta de facto, um raro momento na História da Humanidade.**

A necessária transição do modo de vida de uma Sociedade que funciona na base das Energias não-Renováveis, principalmente do petróleo, para o outro estilo de vida em que a base energética seja o Sol, o Vento, a Água, o Hidrogénio e a Biomassa, impõe seguramente um estilo de vida onde se verifica a Baixa Entropia, determinando necessariamente uma vivência mais em harmonia com a Natureza que é afinal o lugar onde todos pertencemos. Hoje a questão que mais deve confrontar as Sociedades, logo após a satisfação das necessidades primárias, como é óbvio, é a de saber quando e como vai acontecer esta transição de um paradigma de vida para outro e qual o papel de cada um para que essa transição seja real.

Pensa-se que os Sistemas de Educação deverão debruçar-se urgentemente na instalação de programas educacionais, a todos os níveis, sobre estas matérias.

Quanto à certeza da inviabilidade futura das energias não-Renováveis e da necessidade de tornar real outro paradigma não nos restam muitas dúvidas. A questão do tempo necessário para que a mudança tenha lugar é, de facto, de mais difícil resposta. A grande crise energética iniciada nos anos 70 do século passado colocou fortes apreensões nos países Ocidentais sobre a viabilidade e sustentabilidade dos paradigmas de vida reinantes. Foram as Sociedades Ocidentais mais esclarecidas que, a partir de então, tomando cada vez mais consciência de que o perpétuo energético era uma falácia sem qualquer substância e que a degradação do ambiente físico era uma realidade presente e futura nesta exacerbada corrida com base no petróleo e no paradigma do "quanto mais e mais rápido melhor", procuraram chamar a atenção de alguns governos, aparentemente sem qualquer êxito. Sem dúvida que volvidas três décadas, a **"caminhada"** continua a ritmos super acelerados num comportamento social que na sua globalidade se pode considerar auto-destruidor dos seus próprios habitats. Se a transição de um comportamento feudal da Idade Média, com base na madeira como fonte energética, para um regime pré-evolucionaista na base do carvão mineral e mais tarde nos combustíveis fósseis foi difícil, demorando centenas de anos, a transição prevista de um estilo de vida de Alta Entropia para a Baixa Entropia em pleno século XXI não poderá demorar sequer um quarto de século. Esta transição deverá seguramente ter lugar entre $^1/_4$ e meio século a partir do presente... a bem de todas as Sociedades Ocidentais. Nem aqui poderá haver muitas ilusões. Durante o período de transição neste processo, o oportunismo humano, o egocentrismo, o negativismo e outros aspectos mais intrínsecos da espécie humana continuarão a insistir no "*business as usual*" como se de mais umas "sugestões ao Mundo" se tratasse. As entidades com responsabilidades políticas e sociais terão aqui um papel de preponderância vital no controlo(*)' inteligente e eficaz em fazer cumprir aquilo que a tendência humana geralmente contraria com os comportamentos que lhe são intrínsecos, isto é, *oposição ao que de novo lhe é introduzido como sistema.*

(*)' – Na circunstância a palavra "controlo" implica encaminhamento das Sociedades no sentido mais correcto e útil, à sua própria sustentabilidade de vida.

Homem – Máquina – Paradigma da Vida Moderna   121

Os actuais sistemas Sociais e Económicos baseados na Alta Entropia são na realidade mais frágeis e efémeros do que a imagem que transmitem às respectivas Sociedades. Aos mais pragmáticos este facto pode parecer o contrário, isto é, que estes sistemas ao dependerem fortemente dos Recursos Energéticos embora não-Renováveis fazem também parte da Natureza ... e esta é eterna. **Esta ilação é obviamente falsa, confundindo a Natureza com o uso e** *delapidação* **dos seus recursos**. A preparação das Sociedades para os eventos que se avizinham deve começar já, de modo progressivo e eficaz, minimizando dificuldades futuras quando tudo poderá ser bem mais complexo e rodeado de previsíveis impossibilidades.

A escassez dos Recursos fósseis cada vez mais possível, implica preços dos combustíveis crescentemente proibitivos para as populações, tornando claro que algo de fundo terá de acontecer no contexto das infra-estruturas produtivas, sociais e particularmente educacionais. Sem uma verdadeira educação centrada nas realidades sociais do século XXI não é possível a implementação das medidas necessárias à salvação do Planeta, evitando assim a sua "caminhada" para o abismo.

Gostemos da ideia ou não as Sociedades, chamadas de Ocidentais, não terão outras opções que não seja o trilhar, num futuro próximo, num paradigma de Baixa Entropia onde a consideração e o respeito pela Natureza e seus recursos é condição *"sine qua non"* de vida em continuidade. Por cada dia que passa no presente estilo de "vida Ocidental" agravam-se os valores Entrópicos por todos os espaços habitados e não habitados. É nestes espaços que a vida em geral está irrevogavelmente centrada. É deste território que depende a habitabilidade humana. Se não for abandonado o paradigma Newtoniano, Homem-Máquina, concebido há 300 anos cujo modelo é actualmente levado ao maior exacerbo e inclemência contra a Natureza, não se poderá dizer que existe Esperança. Esta, para existir, necessita do esforço do próprio Homem na sua auto-correcção.

As Sociedades Humanas devem voluntariamente reformular as suas vidas para que possam admitir um novo paradigma, num novo estilo de vida com base nas Energias Renováveis, num paradigma de vida de Baixa Entropia. Trata-se da necessidade de um esforço colectivo das Sociedades e não de uma soma de esforços individuais. Enquanto os elevados níveis de educação e de compreensão individual sobre a Natureza e a vida são cada vez mais necessários e exigíveis aos cidadãos, o aspecto sinergético materializado no esforço de conjunto social sobre um todo objectivo, é determinante numa transição histórica de um paradigma para outro em que os Humanos possam conceber e aceitar que "menos exacerbo e mais harmonia com a Natureza" levará a mais felicidade terrena. Ajudar a construir uma nova sociedade baseada num novo conjunto de valores que reflictam a nossa consciência sobre os processos Entrópicos à luz dos princípios consagrados na Termodinâmica é dever de todos. Esta atitude é certamente desafiante da imaginação. *As tarefas neste sentido são imensas quando comparadas com as possibilidades de sucesso. Nunca se deve deixar de lutar por causas que nos parecem simultaneamente justas e benéficas.* O ser Humano por norma rejeita tudo o que lhe parece novo e fora das suas rotinas de pensamento. As grandes causas não se ganham, contudo, sem riscos, custos e algumas drásticas quebras de rotina, por vezes psicologicamente dolorosas. O rumo certo das Sociedades futuras é seguramente e sem opções de carácter desviante, o da vivência em melhor harmonia com os fenómenos da Natureza. Nunca o contrário terá carácter sustentável na vida Humana. Para muitos, principalmente para os mais pragmáticos sobre estas questões, não há esperança neste processo. A nova visão da vida e do Planeta na óptica da Baixa Entropia pode até parecer, para estes, profundamente deprimente pensarem que se pode viver sem quantidades energéticas capazes de tudo remover e produzir embora degradando os Ecossistemas a todos necessários. Ainda para os mais pragmáticos seguidores do paradigma Newtoniano será o desespero e a frustração viver-se sem a abundância de um bem, dos Recursos Naturais de Energias não-Renováveis, embora possam reconhecer que estes Recursos estão a chegar ao fim, pelo menos em termos económicos aceitáveis para as populações.

Neste ponto deve reflectir-se num novo conceito, o conceito da Esperança. O que significa Esperança nas grandes causas, nos desejáveis efeitos, e em mais felicidade terrena?

A Esperança de que algo melhor vem no futuro é aquilo que a Humanidade nunca deve deixar no vazio, isto é, afirmarmo-nos na impossibilidade de que algum evento que gostaríamos que acontecesse não se venha a concretizar no tempo. Para melhor entender a **Esperança** é necessário partir do seu contrário, isto é, do Desespero. Este estado de alma é verdadeiramente o último a que podemos recorrer. Entre a Esperança e o Desespero não existem graus intermédios, é como se saíssemos do tudo para o nada, da vida para o seu aniquilamento ou do sorriso para a mais profunda tristeza. A vida humana é construída com a capacidade da Esperança e esta está na maioria dos "passos" do nosso percurso no Planeta; é um verda-

Homem – Máquina – Paradigma da Vida Moderna　　123

deiro sustentáculo da própria vida. A Esperança de que as Sociedades encontrarão o "seu caminho" é para reter e aprofundar nas nossas vidas.

Há de facto também uma enorme beleza nas Leis da Termodinâmica no que à Entropia diz respeito. Estas Leis da Física guiam-nos através do teatro cósmico com a autoridade segura até ao destino mais feliz assegurando-nos através da reflexão, qual o caminho correcto a seguir para a Sustentabilidade da vida Humana. É por estas "grandezas" que nos devemos bater e não por relativos pequenos ajustes sociais, económicos e outros com que todos os dias os nossos interlocutores, muitas vezes actuando infelizmente como apenas *"entertainers"*, na sua posição de responsáveis políticos e sociais, nos assediam.

Actuando como colonizador do Planeta, o Homem tem-se conduzido sobretudo nos últimos 100 anos, de modo progressivo, a usufruir dos Ecossistemas à sua mercê, da pior maneira, isto é, com a preocupação exacerbada de lhe extrair o máximo para sua conveniência, rejeitando e devolvendo-lhe a parte degradada, inerte, e irreversivelmente destituída das suas vitais capacidades. A vida Humana tem progredido no sentido do maior oportunismo por parte das pessoas individuais e colectivas, das Instituições, algumas até com responsabilidades sociais, para maximizar as suas conveniências em desfavor do próprio habitat, criando as maiores desordens nos Ecossistemas com incalculáveis prejuízos para a saúde e bem--estar de todos, por mais que isto nos custe aceitar e possamos rejeitar o argumento.

As Leis da Termodinâmica no que referem à Entropia no Planeta, revelam-nos uma grande verdade: Que qualquer simples acto que ocorre presentemente no Planeta tem origem em tudo o que ocorreu no passado e terá implicações em tudo o que irá ocorrer no futuro. "**O presente está sempre entre o passado e o futuro**". Por esta irrevogável razão, todo o evento benéfico ou maléfico que ocorre no presente, estará sempre conotado com algo que aconteceu no passado implicando o que acontecerá no futuro. Os Humanos pelo que fizeram de bem ou de mal contra os Recursos Naturais não estarão nunca irresponsabilizados pelo que acontece no presente.

Por tudo isto haverá razões para haver Esperança num futuro sustentável para a Humanidade?

Às Sociedades deve ser transmitida a ideia firme que para realizar a construção de um sentimento interior de Esperança basta-lhes um *"bon pectus"* (coração generoso) e uma mente livre e esclarecida. Assim também para a efectiva construção de um novo paradigma é necessário actuar nos factores essenciais de transformação e ceder a velhos hábitos com a perseverança necessária para evitar o *caos e a desordem* não só a nível local como a nível planetário.

As nossas acções mais ou menos violentas contra a Natureza penhoram a maior de todas as riquezas da Humanidade, ou seja, o benefício dos Ecossistemas ao dispor de todos. O Homem tem nas últimas décadas acreditado verdadeiramente na tecnologia e na ciência como substitutos e correctivos de todas as anormalidades que ele próprio vem cometendo em relação às suas origens naturais. Tudo isto com a esperança de que o trabalho incessante e persistente no sentido correcto tudo compensa *"Labor omnia vinci improbus"*. Mas é igualmente necessário à Humanidade usar mais a Inteligência e a Arte em tudo o que realiza. Com estes dois "ingredientes" na sua conduta, o Homem multiplica a Esperança. A Arte é um projecto de conveniência com a Natureza e indica sempre o sentido de uma vida melhor. A Inteligência actua como um sistema correctivo não permitindo desvios no que é Humano. A Ciência, *per si*, não indicará um modelo de conveniência global e também não o poderá construir sem o esforço consertado, na base da solidariedade, dos grupos Sociais. Para confirmarmos isto mesmo basta olharmos as pirâmides egípcias, as basílicas romanas e góticas, os templos gregos, e outras obras de admirável génio Humano, para apreciarmos o valor da Arte nas grandes realizações da Humanidade. Em todas estas grandiosas manifestações de Arte Humana, existe um sentimento generalizado e profundo de elevação e de respeito a que eternamente estão ligadas as capacidades Humanas da Inteligência e Arte. Esta Arte faz-nos sair espiritualmente da rotina quotidiana, dos erros por indução, dos "precipícios suicidantes" e colectivos, em suma de uma forma de vida mesquinha e destruidora da criatividade. A caminhada para um futuro sustentável tendo como base um novo paradigma de vida, nunca será efectiva sem uma nova "arquitectura" no pensamento e na acção, onde a Arte, a Ética, a Solidariedade com o próximo, o amor à Natureza e à Humanidade manifesto nas nossas relações interpessoais desempenharão papeis vitais no novo Espaço Social.

Tratar questões relacionadas com a Natureza do modo como as tratamos sem existir o conceito prévio de Ética, de Arte e de Beleza é como desafiarmos a nossa própria saúde e bem-estar sem respeito pelos princípios psicossomáticos e espirituais que regem de uma maneira holística todo o ser Humano. O conceito de Beleza coloca-se sempre em termos de valor, ampliando tudo o que fazemos de bem e de modo utilitário. A Beleza surge para neutralizar os interesses individuais e imediatos, e constitui sempre uma dádiva do presente às gerações futuras. É algo engrandecedor da pessoa, da Sociedade ou do país que representa. Sociedades que assim não pensem e ajam, não têm legitimidade de autogestão dos Recursos Naturais.... Outros os devem gerir por eles.

A *Beleza* pode não ter utilidade imediata mas projecta-nos no futuro, identifica-nos e caracteriza-nos quanto ao modo como vemos o Mundo e o queremos ver amanhã. A *Arte* e a *Beleza* representam sempre uma dádiva às Sociedades vindouras abstraindo-se dos interesses imediatistas do presente. O embate que as Sociedades actuais necessariamente irão sofrer com a mudança de paradigma de vida, será tanto mais suave e harmonioso quanto maior for o sentido de adaptação a outros valores como o da Beleza, da Arte, da Estética e da Riqueza Interior que possuírem como oposição aos critérios actualmente generalizados do lucro económico, do cálculo financeiro, do prazer físico ou da riqueza exterior. Quando nos abstraímos da Natureza perdemos com ela a alma e o futuro já não existe. É óbvio que a Educação é o "pilar" mais importante de todos nesta "obra" de transição na passagem de paradigma de vida.

As Sociedades actuais convenceram-se que o aumento de riqueza captada ao mundo exterior não tem limites (*The sky is the limit*). Possuímos quase todas as tecnologias possíveis que nos permitem obter o que necessitamos dentro das maiores velocidades que podemos imaginar de momento, a nossa alimentação enriqueceu-se em calorias de modo sem precedentes, a velocidade com que obtemos a acção médica e medicamentosa não é comparável à de outras épocas na História da Humanidade. Tudo isto é irrefutavelmente verdade. Mas não obstante todas essas aparentes virtudes, *a qualidade de vida* não é compatível com as quantidades nem com as velocidades na obtenção dos bens exteriores. **A preocupação central de todo o processo evolutivo Humano deve ser a da preservação da espécie em condições dignas de vida**. A razão é simples: A Natureza, alicerce da vida Humana, tem ritmos próprios e os Humanos virando costas a este fenómeno intransponível abandonam a sua própria continuidade. É aqui que reside a grande dicotomia: ou com a Natureza ou sem Ela.

O progresso científico e tecnológico que temos vivamente admirado e aclamado sobretudo desde os meados do século XX, está a evidenciar-se com imensos vazios e privações que poderão num futuro não longínquo colocar em questão a própria sustentabilidade da vida Humana. Esta constitui o principal bem e a Humanidade não pode correr o risco de a perder em favor de qualquer outro benefício!

O amor à Natureza e à vida em particular é uma dádiva, uma força subtil que traz consigo um sentimento de pertença que nos coloca num ritmo Universal, como condição necessária à continuidade da Espécie Humana no Planeta. A contemplação e o respeito pelas Leis Naturais é um gosto especial a que os Humanos têm acesso quando se colocam na corrente e no fluxo positivo das energias que os Recursos Ecossistémicos nos proporcionam. E quando falamos de Amor Universal pela Mãe Natureza falamos simultaneamente de um profundo sentimento de unicidade e de sinergias no reconhecimento, de que cada um de nós é parte inseparável do fluxo de energia total que nos mantém de pé sobre o Planeta. O respeito pela Natureza e pelas suas Leis constitui a autêntica atitude natural e de certo modo, anti-entrópica, sob a qual o Homem jamais poderá pensar no uso dos Recursos Naturais como algo sem limites. A negação destes princípios constitui a negação e rejeição da própria vida Humana enquanto hóspede deste Planeta.

Enfrentar a actual crise Entrópica –
– a aceitação dos Ritmos Naturais...

A desordem ecológica e social que se instala cada vez mais à escala Planetária exige uma concertação global entre populações e entidades com responsabilidades sociais no respeito pela ***coisa única***, ***objecto supremo*** e determinante de todas as tomadas de decisão... a Vida. Sobretudo desde os meados do século XX, o Ocidente convenceu-se que a Ciência e a Técnica tudo resolveriam a favor de um desenvolvimento Humano com carácter contínuo e sem limites. A realidade, como é entendida no senso comum, é cada vez menos concordante com a asserção de que o desenvolvimento Humano, sobretudo com base no paradigma do *"quanto mais e mais rápido melhor"*, terá alguma verdade quanto à sua viabilidade futura. As afirmações na actualidade pronunciadas como não existindo limites para a ambição Humana são, de facto, penosamente falaciosas. As estruturas mais profundas e esclarecidas das Sociedades vão sendo no entanto alteradas a este respeito tornando cada vez mais evidente a impossibilidade de continuarmos no mesmo estilo de vida que tem caracterizado o Ocidente. As novas classes sociais surgidas do "desenvolvimento Industrial" fizeram declinar outras, comprometendo-se valores fundamentais da pessoa humana, e dando lugar ao aparecimento de outros em substituição, difundindo-se uma aparente modernidade e prosperidade com a simplificação do trabalho humano, não obstante com crescentes e sérias ameaças à subsistência pessoal, à saúde e bem-estar sobretudo em camadas sociais de parcos recursos.

A acção médica e medicamentosa está, sem dúvida alguma, sendo aperfeiçoada sem precedentes. Todavia, com a multiplicação dos **factores doença** que se agravam na sua multitude diversificada das chamadas "novas doenças", aparecendo de modo implacável, e atribuídas por muitos às causas ambientais e suas implicações na cadeia alimentar Humana, resta-nos agora reflectir sobre quem vai "pagar a conta" num futuro próximo, digamos, nas próximas décadas.

À semelhança de outras fases críticas de mudança na História da Humanidade, a crise entrópica do presente tem todas as características de convergência para o culminar numa situação de enorme desordem ecológica e social. É necessário actuar já, para que, este indesejável estado extremo não se torne num acontecimento extremamente penoso no século XXI.

Nos finais do século XV, a Itália era no Ocidente um país de grande prosperidade, talvez o mais próspero de toda esta parte do Mundo. O Renascimento que se seguiu é ainda hoje o período pérola da Cultura Ocidental. No entanto, foi precisamente nesta época que, seguindo-se uma vez mais a regra de que o **"maior crescimento traz sistematicamente consigo a semente da destruição"**, que a decadência Italiana começou e de modo rápido. Por outro lado, são conhecidos os princípios do século XIX, com o surgimento do impetuoso crescimento Industrial, impulsionado pela Ciência e Tecnologia, a Europa surge com grandiosos progressos em todas as áreas desde a Física, às Engenharias e à Medicina, fazendo emergir descobertas com incalculável impacte na vida das populações, como o motor eléctrico, a lâmpada eléctrica, o desenvolvimento acelerado dos transportes em caminhos de ferro, a rádio, os telefones e outros eventos que, representando comodidades à altura espantosas para as populações, trouxe também consigo o ímpeto de que todo o crescimento Industrial, Económico e Social era doravante ilimitado. **É hoje bem conhecido que esta premissa não é verdadeira, todo este acelerado crescimento traz invariavelmente consigo também a "semente da limitação".** E a razão é simples: O Homem como parte integrante e inseparável da Natureza não se poderá descolar, nunca, dos ritmos Naturais, isto é, será eternamente um ser vivo limitado e controlado pelos ritmos próprios das suas origens – a Natureza e os fenómenos Naturais.

Ao crescimento sem limites, a própria "natureza" do Planeta (e dos Homens) reagiu e reage sempre com "guerra declarada e intensa".

A partir do 1.° Conflito Mundial, que devastou o Continente Europeu nos aspectos físico e espiritual, as relações sociais ao nível do Planeta sofreram transformações profundas, com convulsões ao mais elevado grau: Teve início a Revolução Soviética e com esta o Nazismo e os "pilares" sociais da Humanidade estremeceram com uma intensidade nunca dantes verificada. Aparece em consequência a 2ª Guerra Mundial. Tudo isto porque, no fundo, com o crescimento ao nível a que se operou que-brou-se o equilíbrio natural, isto é, o Homem descolou-se da harmonia que o ligava às suas origens ... a Natureza. Por hipótese, tivesse este equilíbrio não sido quebrado, a educação seria o que é hoje? A natalidade teria atingido os níveis do presente? A qualidade de vida na saúde, na ética e moral e no bem-estar das populações seria o que é hoje? A resposta é certamente não. A realidade dos Homens e da vida seria outra para o melhor ou para o pior. Sem dúvida que existem limites para o crescimento embora os não existam nunca para o **desenvolvimento espiritual Humano**.

Se à crescente crise que as Sociedades actualmente enfrentam fizéssemos alguma analogia com o passado histórico, remoto e recente, estávamos, cada um de nós, certamente actuando mais rápido e pressionando os responsáveis mais eficazmente para se evitarem convulsões demolidoras cujo resultado final é sempre impossível de determinar no presente. A evolução científica e tecnológica não se afigura ser o que as populações foram interiorizando ao longo das últimas décadas, isto é, **um salvador e protector sem limites para uma vida segura da Humanidade**. Toda a inovação científica e tecnológica tem como modelo fundamental os fenómenos naturais. No caso das inovações e aplicações tecnológicas nos novos equipamentos e sistemas principais e de controlo, estas são invariavelmente cópias ou réplicas dos mecanismos do corpo e da Cibernética Humana tidos como referência ... logo com limitações próprias! É a consciência destes factos que poderá levar a Humanidade a não aceitar a tecnologia e as crescentes inovações como solução para todos os actuais problemas Ecológicos e Sociais. O caminho indicado pelas grandes Leis da Termodinâmica, e nestas, o princípio da Baixa Entropia deve ser respeitado pelas sociedades seguindo um paradigma de vida sustentavelmente consistente.

Pairam sobre o Planeta ameaças sem precedentes. O efeito de estufa criado principalmente pelo gás dióxido de carbono (CO_2), que é emanado sobretudo pelos motores de combustão interna das viaturas automóvel das centrais térmicas produtoras de energia eléctrica e dos equipamentos de potência industriais, está identificado pelos efeitos nocivos à vida no Planeta como o mais grave dos problemas ecológicos emergentes.

O gás CO_2 não sendo um gás nocivo ao aparelho respiratório, a menos que inalado em grandes quantidades, tem na Atmosfera um efeito adverso ao equilíbrio térmico na Troposfera com consequências cada vez mais graves na Biosfera. As quantidades de CO_2 cada vez mais elevadas nas camadas superiores da Atmosfera, criam mecanismos de obstrução à distribuição do calor devolvido pela superfície terrestre ao espaço troposférico. Não existindo adequada dissipação da energia térmica solar acumulada à superfície do Planeta, esta quantidade de energia térmica retida e o consequente aumento de temperatura provocam de forma gradual e contínua desequilíbrios térmicos na Troposfera até que as temperaturas atinjam valores que se tornarão dramáticos, afectando sobretudo os meios agrícolas e a subida de nível das águas do mar com o degelo dos glaciares polares, e portanto com potencial destruidor das condições físicas dos habitats existentes. Deste fenómeno outras múltiplas mutações afectando a qualidade da vida Humana em grandes proporções são esperadas. Paralelamente à nocividade de outros gases também emanados das combustões internas dos motores, equipamentos térmicos industriais e domésticos e das centrais termoeléctricas, os gases monóxido e dióxido de nitrogénio (NO e NO_2) e o dióxido de enxofre (SO_2) emanados principalmente de equipamentos de combustão a carvão mineral (algumas centrais termoeléctricas, onde as combustões são consideravelmente mais incompletas que nos combustíveis líquidos e gasosos), devem hoje ser uma preocupação crescente principalmente na saúde pública pela sua directa actuação no aparelho respiratório humano. Indirectamente, estes gases, uma vez existentes na Troposfera, são precipitados através dos ciclos naturais da água sobre a superfície, atingindo frutos, vegetais e pastagens e daí para os animais, com as mais nefastas consequências na cadeia alimentar humana. A este respeito, os países mais avançados na investigação médica sabem que o próprio leite materno se encontra cada vez mais contaminado por via ingestiva dos produtos alimentares contaminados. Actualmente, os focos de disrupção na saúde pública são, sem precedentes, alarmantes. O enorme comércio mundial da medicina e dos medicamentos, não obstante o seu mérito na investigação e inovação, não tem contudo, dedicado suficiente atenção à gravidade da situação alimentar das populações e, sabe-se que não está a actuar nos aspectos educacionais e na prevenção da saúde nem perto do que seria desejável e necessário. A camuflagem na cadeia alimentar e o consequente impacte na doença é hoje, sem dúvida, o maior perigo que a Humanidade incorre na luta pela sua sobrevivência. O ego Humano nas suas transacções comerciais, nunca na História da Humanidade foi tão evidente. Cientes deste atributo egocêntrico, as Sociedades devem cada vez mais preparar-se para **evitar graves consequências**.

Homem – Máquina – Paradigma da Vida Moderna	131

Existirá todavia uma solução ou soluções viáveis e possíveis de executar para se evitarem danos catastróficos nas Sociedades actuais? A resposta deve ser afirmativa. Reparemos que se evitaram até ao presente guerras nucleares quando, como é sabido, não faltam potenciais atómicos distribuídos por várias regiões e países do Planeta desde há dezenas de anos. A Humanidade conseguiu controlar-se até este ponto, não obstante as dificuldades que este equilíbrio encerra tendo em vista a desmedida egocentricidade da espécie Humana.

Esta e outras vitórias devem estar bem presentes quando procuramos soluções para gigantescos problemas, como o que as populações Ocidentais estão enfrentando actualmente no paradigma de vida de Alta Entropia. Será necessária uma catástrofe Humana para que os sobreviventes acordem de vez? É possível que sim, contudo não haverá compensação à escala Humana para tamanhos danos. É necessário actuar antes. Questões como a SIDA, o cancro, a tuberculose e outras foram e são objecto das maiores consternações e angústias que mobilizaram e mobilizam todas as populações à escala planetária. A questão que se coloca hoje à Humanidade é **sobre se devemos ou não viver em Baixa Entropia para salvar a vida no Planeta de forma digna e sustentável, e se isso é suficientemente importante para nos mobilizarmos nesta missão**. É da salvação do Planeta Terra que se fala, e há que tomar consciência disso. Os substitutos para o petróleo e carvão mineral não poderão tardar. Assim também se um modelo de vida diferente do que actualmente praticamos, isto é, com mais riqueza interior e menos externalidades deve ou não ocupar o pensamento **e a prática** das sociedades do futuro... sem hesitações nem fatalismos! Enquanto para as pessoas mais adeptas do acompanhamento e reflexão sobre estes temas, estes pensamentos poderão estar em sintonia com os seus próprios *"feelings"* sobre estas matérias, é compreensível que, devido às fortes pressões para a conformidade com o actual paradigma, os indivíduos mais pragmáticos poderão veementemente opor-se a estes conceitos, reprovando-os, ou mesmo até tentando ridicularizá-los.

A verdade ensina-nos no entanto que o indivíduo pragmático que devemos respeitar por motivos óbvios, tem por natureza uma visão parcial das "coisas", de si próprio e dos processos Naturais donde depende a sua existência. Vivendo numa mentalidade pragmática, o indivíduo reconhece normalmente que há lugar para melhoramentos no mundo social em que vivemos, contudo as suas resoluções centram-se na "pequena cirurgia", particularmente no que se refere às questões energéticas e ambientais.

Amiúde descarrega sobre os políticos, reclamando **mais** ou **menos** impostos sobre a circulação automóvel, sobre o custo dos estacionamentos, para assim obviar o crescente afluxo de tráfego nas cidades, com penalizações sobre emissões, troca de emissões por pagamentos penalizantes, etc. Estas são de facto as pequenas cirurgias de que se fala. *O pragmatismo e a actuação "cirúrgica" na resolução dos problemas sociais por parte dos governantes são hoje alarmantes e perigosos. As questões de fundo mais eficazes, e certamente mais dolorosas não são nunca atacadas pelos sectores políticos e por razões óbvias.* Os Governos actuam no sentido do *"empowerment"* é esta a tendência universal, infelizmente nem sempre a favor daquilo que é a defesa da sustentabilidade futura da vida das pessoas. Qualquer inovação, por mais benéfica que seja, encontra por norma reacções fortes das sociedades, qualquer que seja a intenção do Governo. A introdução de novas e necessárias formas de vida é muito difícil, dolorosa até, e não acrescentará, de início, simpatias das populações para com os sectores políticos responsáveis. Tudo é entendível dentro de uma caracterização egocentrista da espécie Humana. O Homem tem todavia experiências em si mesmo que o levam a negar o comodismo e a lutar contra a falta de estímulo para se defender a si próprio. Quando se chega à idade de aposentação o indivíduo normalmente sonha com melhores oportunidades, para saborear a vida, para dedicar mais tempo ao que sempre sonhou e nunca conseguiu. Passado mais algum tempo o mesmo indivíduo sente que lhe falta algo, normalmente o estímulo para a luta. No mundo em que vivemos a luta por causas, quando assim as entendemos, é uma força única que nos mantém mais felizes, mais fortes e também mais humanos. São estes os factos que os mais pragmáticos quanto às mudanças necessárias, têm dificuldade em gerir. No novo paradigma, as legítimas ambições podem ser dirigidas num sentido sustentável da vida em que as populações se ajudarão mutuamente de modo a que neste Planeta possam ser sentidos, com verdade, os prazeres da vida.

O Novo Paradigma de vida e a Reforma na Educação

O nosso sistema global de Educação tem sido centrado na visão Newtoniana Homem-Máquina que nos acompanha há cerca de 300 anos. O processo global de aprendizagem, sobretudo nos campos da ciência e da tecnologia, foi entendido na origem como suporte de todo o crescimento económico e social justificando sempre a Alta Entropia como condição necessária à prosperidade das populações, como foi entendida nessa época.

No mundo académico as gerações têm seguido, como instrução base, os ensinamentos centrados nas quantidades, na rapidez com que nos movemos e comunicamos, conseguindo assim o grau de "prosperidade" que nos leva à acumulação de dados, de factos e eventualmente à produção de riqueza. Raramente questões qualitativas ou de concepção de vida, que nos levem à sustentabilidade presente e futura, como o mais importante de tudo o que para nós existe, tem sido focado na aprendizagem Ocidental. Pensemos em todos os processos de avaliação a que as populações Ocidentais têm sido sujeitas, onde os conhecimentos e talentos são testados com base em questões cujas respostas não podem conter ambiguidades. O desafio à imaginação criadora, como força espiritual capaz de abrir novos caminhos à Sociedade, é raramente constatado nos actuais Sistemas Educativos.

Em algumas Sociedades Ocidentais específicas, os testes baseados em questões **falso** *versus* **verdadeiro**, escolha **múltipla**, são disto um inequívoco exemplo. Aqui todas as respostas são baseadas num mero conceito de causalidade, isto é, para um conjunto de condições há uma e só uma resposta certa. Obviamente este estilo de avaliação, resolvendo de imediato os problemas associados à gestão de "*massas*", não dignifica a imaginação, nem a criatividade de cada um. Não deve estar em causa que um ou mais processos de avaliação devam ser colocados às populações escolares para o estímulo, confirmação e correcção na aprendizagem. É contudo a filosofia do processo vigente, no seu significado mais profundo que está em causa quando o momento que vivemos pede às Sociedades outro modo de estar no mundo, outro paradigma de vida.

Quantos de nós fomos sujeitos a um teste na academia onde nos foram colocadas questões que na nossa reflexão poderiam comportar diferentes respostas, no entanto as boas normas constrangiam-nos à resposta específica e adequada à disciplina ... e ao professor? Dizíamos então para nós próprios que outros sistemas de avaliação deveriam estar disponíveis para reforço e estímulo dos nossos valores e da nossa criatividade, para que, em falta da resposta específica procurada, nos fosse facultada a possibilidade de sermos avaliados pelos nossos pensamentos sobre o tema em questão.

Devemos admitir que as Escolas, no mundo Ocidental, têm implementado nas últimas décadas medidas modernizadoras desde o Ensino Primário ao Superior. Os Educadores a todos os níveis têm cada vez mais reclamado um Ensino adaptado à modernidade, à especialização e à cada vez maior percepção da casualidade e quantificação dos factos. **Uma vez mais a filosofia, no paradigma da quantidade, da casualidade e da acumulação factual é, de facto, a mesma de há 300 anos.** Poucos são os Educadores que estão conscientes do facto que, prolongando mais este modo de estar no mundo, estão a contribuir para uma ideologia particular, onde a utilidade deste sistema de ensino para a sustentabilidade de vida futura é, no mínimo duvidosa. O Sistema de Educação Ocidental coloca os factos em alta prioridade levando a classificar como melhores aqueles que demonstrem possuir mais acumulação de dados. É de facto esta uma filosofia de vida para pensar e reflectir! Tudo o que existe terá justificação quando existe vontade, persistência e trabalho na busca da verdade. O actual sistema de Educação no Ocidente é justificado pela necessidade de aglutinar cada vez mais factos para "melhor se entender este mundo de crescimento populacional sem precedentes e organizar a vida das sociedades com mais conhecimento de base factual". É a anunciada e pretendida *Sociedade do Conhecimento* de que tanto se fala. É o conhecimento e a quantidade dos factos que interessa não a busca da verdade inerente. "Assim teremos com este sistema, um Planeta cada vez mais organizado". É, no mínimo, duvidosa esta orientação educacional na actualidade.

Entre nós, é geralmente aceite a ideia de que aqueles que estão em controlo das situações são os que mais factos devem conhecer. Uma vez mais tem este sido o pensamento que, desde há 300 anos, vem dominando o mundo Ocidental e que nos conduziu à situação actual.

Os inegavelmente dotados de poder imaginativo e de elevada inteligência, **Francis Bacon, Descarte e Newton** foram tornados célebres precisamente no valor dos factos que conseguiram acumular e gerir e na consequente difusão de um paradigma que, revolucionando os modos de vida, aumentando a riqueza e desenvolvendo a Ciência e a Técnica, conseguiram a evolução e a transformação das relações sociais no Ocidente de tal modo vinculativo e generalizado que, 300 anos depois, as actuais gerações, embora vejam neste paradigma alguns obstáculos à sustentabilidade futura, o aceitam na generalidade, não sendo ainda hoje facilmente visíveis outras opções para a vida Humana. Aos factos acumulados e à organização mental dos mesmos, a nossa Sociedade tende chamar-lhe "**realidade dos factos**". É importante reflectir-se que a Sociedade Ocidental não é a única no Planeta e que a "**realidade**" é algo abstracto e próprio de cada indivíduo ou grupo sócio-cultural e que está sempre em função do modo como é observada, isto é, a "nossa realidade". Aquilo que é real, sendo visto pelo acumular de factos baseados no paradigma Newtoniano não será certamente o mesmo quando visto de outras "ópticas" sócio-culturais. A realidade como a vemos no Ocidente é sem dúvida resultado de um paradigma com cerca de 300 anos ao qual devemos estar sempre receptivos na reflexão e na sua revisão numa perspectiva de continuidade mais próspera e feliz para a espécie Humana. Todo o Processo Educacional se destina a servir, acomodando-se às necessidades da Sociedade Industrial que construímos. Esta, por sua vez é actualmente talhada para se acomodar às reservas dos Recursos Naturais não-Renováveis como suporte de toda a economia Ocidental. É daqui que todos dependemos actualmente. À medida que, por imperiosa necessidade, avançamos para fontes energéticas Renováveis, uma grande parte das nossas actuais concepções sobre factos e filosofia de vida tornar-se-ão obsoletas. Pode parecer doloroso pensar-se nestes termos mas as opções para o futuro das Sociedades Ocidentais não se nos afiguram divergentes deste princípio.

O paradigma Newtoniano e os consequentes métodos de aprendizagem que lhe têm servido de suporte desde há 300 anos estão seriamente em dúvida para a sustentabilidade futura de vida. São necessários, um novo estilo e uma nova filosofia de aprendizagem, que suporte as Sociedades no sentido de procurarem o seu rumo para uma vida sustentável.

A nova Educação suportará necessariamente mais os processos do que as decisões baseadas em factos adquiridos no velho paradigma. Às noções de **coleccionar, armazenar e organizar factos isolados** opor-se-ão ideias de **examinar e actuar nos fenómenos interligados e subjacentes** a um dado acontecimento. O pensamento Humano tornar-se-á **mais abrangente, mais criativo, mais qualitativo do que aquele que determinou o paradigma Homem-Máquina**. Quantidade e velocidade é no fundo o que mais caracteriza o estilo de vida actual. O Mundo exterior não será mais dividido em *"clusters"* seriados em relações isoladas e casuais para passar a ser uma rede de fenómenos interligados que afinal são mais fiéis aos fenómenos Naturais, nossos eternos aliados.

Sem dúvida que o conjunto de factos isolados terá, num estilo de vida com base na Baixa Entropia, muito menos importância do que aquela que lhe é atribuída actualmente. Os conhecimentos dos **porquês antes da acção correctiva** e da subjacente preocupação de **como se responde a determinado fenómeno**, serão tarefas dominantes antes de qualquer acção a tomar, não só por razões económicas como o que se constata geralmente na actualidade mas por razões fundamentalmente sociais. As mudanças do mais científico, mais empírico ou mais funcional darão origem a um paradigma do científico, racional e metafísico que corresponderá exactamente a uma redução substancial na acumulação de factos isolados. *A aprendizagem não poderá ser mais aplicada à transformação do Homem num colonizador nato de uma Natureza da qual totalmente depende e dela faz parte integrante, mas sim aplicada ao conhecimento em grandeza holística das regras Naturais, respeitando as potencialidades e os limites Humanos em todo o processo interactivo com os Ecossistemas, donde afinal tudo o que temos irradia e submerge.*

Os mais pragmáticos e algo descrentes da necessidade de uma "nova vida" no Ocidente, poderão questionar sobre se com o novo paradigma baseado nas Energias Renováveis, a especialização e talentos adquiridos serão coisa do passado. A resposta é não. A especialização continua necessária e vital na satisfação das necessidades das novas Sociedades... as Sociedades baseadas na Baixa Entropia. Enquanto os processos educativos actuais separam a aprendizagem entre formação profissional e educação formal, a ênfase no novo paradigma do futuro será na combinação da mente com o trabalho físico, ensinando as pessoas a serem auto-suficientes nas suas realizações. Esta transformação *"per si"*, sendo uma das mais profundas na mudança de mentalidades e de paradigma de vida, é neces-

Homem – Máquina – Paradigma da Vida Moderna

sária e imprescindível à criação de uma verdadeira e autêntica vivência Humana. Os alunos de Escolas primárias, básicas, secundárias e superiores serão preparados para o novo estilo de vida com trabalho físico em combinação com a mente, de modo a tornar o mundo actual diferente daquilo que é hoje... **isto é, um deserto em utilidade e dignidade juvenil.** Há culpas certamente imputáveis não só aos Gestores político-sociais como também a factores culturais com falhas inadmissíveis no espaço educativo. Nos jovens, foi criada a ideia errada de que certas actividades de utilidade vital, como a Agricultura e as Pescas são actividades secundárias e de baixa dignidade. O mais incrível e de difícil aceitação é o facto de, por exemplo, na Comunidade Europeia existirem países ainda relativamente pobres onde esta situação é escandalosamente visível nas atitudes juvenis. *Os países não podem proceder como responsáveis e ao mesmo tempo voltar costas às suas fontes naturais de riqueza donde dependem, diariamente, todas as suas populações.*

É necessário outros saberes, outra visão das pessoas e do mundo no que se refere às capacidades naturais de cada um e de todos em termos globais. **É cada vez mais urgente "saber ser".** Os princípios que herdámos do paradigma Newtoniano serão em parte obsoletos na transição para o novo paradigma, **particularmente a ideologia centrada no egocentrismo,** hoje característica predominante na espécie Humana e o **saber da "astúcia económica" baseado no imediato benefício a adquirir de cada emergente situação,** são de nenhuma mais valia para o novo conceito de vida no paradigma da Baixa Entropia.

Qualquer que seja o caminho a seguir pela actualmente anunciada e propagada Globalização, as Sociedades devem estar atentas, dizendo **não** a factos isolados, mesmo quando aparentemente trazem vantagens imediatas, e **sim** aos factores críticos de interligação, de modo a que se seja sempre possível relacionarmos as Grandes Leis da Termodinâmica com a vida. Devemos estar cada vez mais atentos, com um grande sentido crítico ao que nos pretendem "vender", para que haja satisfação numa vida humana sustentavelmente saudável.

É hoje evidente que os génios *Bacon, Descartes* e *Newton* não poderiam prever a evolução do Planeta face às suas doutrinas e posteriores indoutrinações baseadas nas Energias não-Renováveis e que levaram ao estilo de vida de Alta Entropia que hoje presenciamos.

Enquanto os responsáveis da área político-social tentam cada vez mais acomodar os cidadãos em cada vez mais rígidos subsistemas, (não obstante os conhecidos "combates ideológicos filosófico-sociais") no sentido de criar mais controlo sobre os recursos escassos, as populações vão reagindo cada vez mais em sentido contrário ao da sua própria sustentabilidade, contrariando dia após dia algumas destas regras de retardamento da crise embora impostas com base num pré-defunto paradigma. A imediata transformação da Educação, e só esta, poderá abrir novos e eficazes rasgos para um caminho sustentável e desviar-nos do abismo que se aproxima cada vez mais. Se o mundo moderno falhar nesta transformação, as "castas" hoje existentes, as quais usufruem de grandes privilégios na riqueza do Planeta, tentarão a escalada final, lutando por todos os meios adequados à perpetuação da sua permanência faustosa, enquanto os mais pobres, esses, estarão cada vez mais entregues às angústias próprias dos indefesos. Nesta situação estarão criadas as condições para a instalação de outros paradigmas de vida mas, certamente diferentes do sonhado.

Contrariar a Crise – Os Ideais e as Acções

Actualmente as Sociedades possuem tudo para enfrentar com êxito a crise Energética e Ecológica que se avizinha. Seguindo os conhecimentos da física no que às grandes Leis da Termodinâmica é atribuído e tomando consciência do estilo de vida baseado no petróleo e na Alta Entropia que se imprimiu e imprime no Planeta, em particular nas Sociedades Ocidentais, com mais relevância desde há meio século, as populações têm ao dispor os Recursos Naturais de génese Renovável compatíveis, com a Sustentabilidade futura da vida Humana. Sempre através da História da Humanidade o ser Humano esteve predisposto para lutar arriscando muitas vezes a sua própria vida. Na "luta" que neste contexto se desenha cada vez mais necessária, o Homem não correrá riscos de vida, pelo contrário procura meios para que a sua própria vida e a das gerações futuras possa continuar de forma mais próspera e digna da espécie. A coragem foi através dos tempos uma virtude da espécie Humana; pelo bem e pelo mal foi sempre um predicado da vida Humana... a luta pelas causas. Grandes impérios foram conquistados e perdidos em confrontos de risco. Na vida quotidiana o Homem enfrenta hoje riscos a todo o passo... nas ruas, no trabalho, na alimentação e portanto na saúde,... no modo de pensar e agir com perdas e ganhos de toda a espécie.

Para o sucesso na sua caminhada, o ser Humano necessita de saúde primeiro e segundo, de criar em si uma atitude de entusiasmo e coragem para aquilo que se propõe realizar. Infelizmente nas suas interacções com a vida real, o Homem encontra adversidades próprias dos conceitos infligidos num paradigma do "quanto mais e mais rápido melhor", **levando-o por vezes a batalhas improdutivas que muitas vezes o confunde com o reino dos irracionais**. Nas escolas, nas empresas e na vida em geral existem ideias humanas paralisantes das mentes mais criadoras. Estas ideias, oriundas **sempre** dos **mais** fracos, embora possam parecer justamente o contrário, tendem a todo o custo apagar e destruir qualquer inovação, qualquer entusiasmo e qualquer valor Humano. Esta é uma das grandes realidades que infelizmente constatamos no quotidiano mais comum. É o ambiente humano caracterizado de "*mobbing*"(*)' em acção. Pessoas que não possuem capacidades intelectuais, morais e de desenvolvimento de trabalho, mantendo a sua presença nos locais de trabalho ou nas escolas sem ideias, batendo-se pelo dinheiro, pelo prestígio e por outros atributos não dignificantes, temem os inovadores, olhando-os como ameaças às suas posições, tentando humilhá-los e procurando o descrédito destes a todo o custo. Existem ainda outras classes de pensamento e de atitude sem qualquer mais-valia para as Sociedades que são os cínicos, os indolentes e insolentes. Por fim, a classe dos ainda mais nocivos ... os desonestos e criminosos que constituem as manchas negras das Sociedades.

É óbvio que estes grupos terão recuperação muito difícil para trabalhar arduamente na transição para qualquer novo paradigma de vida, onde não caberá o não-senso, o benefício de um em desfavor do prejuízo de outro. Apenas o benefício alicerçado no valor e no trabalho será permitido. A abertura do caminho para uma nova ordem Energética e Ambiental não será em nenhum cenário uma tarefa fácil. Deve ser recordado que o paradigma Newtoniano com início há 300 anos foi talhado para o crescimento e desenvolvimento Humano com base nas Energias não-Renováveis, designadamente no carvão e no petróleo. **É este hoje, entre todos, o maior negócio no Planeta!**

O desenvolvimento foi portanto concebido com base em quantidades de matéria amorfa em movimento. Não existe neste processo qualquer relação profunda com um ambiente vivo e renovável! O novo paradigma baseado nas Energias Renováveis assumirá uma verdadeira concordância com os fluxos da vida, isto é, através das Energias ciclicamente renováveis. **É o verdadeiro paradigma de vida pela vida que se propõe às Sociedades do futuro,** um verdadeiro movimento de ideias com grande impacte nos Humanos nunca inferior em dimensão ao paradigma Newtoniano, que tem como grande objectivo a continuidade dos seres e do Planeta em oposição à sua destruição. Nas próximas décadas existirá a crescente e generalizada aplicação das Energias de génese Renovável e, com estas, um drástico movimento para mudança da atitude

---

(*)' – **mobbing** – palavra de origem anglo-saxónica de significado pejorativo e adverso à criatividade e dignidade do próximo.

humana no sentido de se viver com menores quantidades a favor de uma melhor e mais feliz coabitação no Planeta. Num esforço para evitar este desenvolvimento ignorando as Leis da Termodinâmica, os mais pragmáticos e descrentes da evolução Humana interrogar-se-ão se as Energias Renováveis sendo eternas poderão conduzir-nos à mesma abundância, e se assim for, não haverá necessidade de mudança de paradigma. Nesta linha de pensamento e neste pragmatismo algo selvagem, não haverá portanto a necessidade de mudança de atitude nas Sociedades, pois teremos a continuada dádiva natural para um eterno crescimento económico e social.

Toda esta visão assente na não-limitação no uso dos Recursos Energéticos seria pura especulação, irreal, não tendo qualquer valor utilitário e de verdade do ponto de vista informativo às populações. **Quando os Recursos Energéticos não-Renováveis chegarem a seu *terminus* ou por via natural ou do ponto de vista extractivo-económico, o mundo nunca mais será o mesmo, isto é, a vida das pessoas será drasticamente transformada em muitos aspectos.** O grande mal virá apenas se as Sociedades não enfrentarem o novo paradigma antes da chegada da "desordem generalizada". A ilusão de que as Energias de génese Renovável nos irão proporcionar os mesmos padrões de vida baseados em quantidades energéticas equivalentes às das Energias de base petróleo, pode levar as populações à ruína e à completa desordem social. Este irrefutável facto é explicado pelo princípio de que, com o uso generalizado das Energias Renováveis, se na crosta terrestre as sociedades continuassem na sua caminhada de degradação ambiental, com as mesmas necessidades de reciclagem de detritos, de crescentes consumos de quantidades energéticas para o tratamento e o uso das águas em geral, e das mesmas quantidades de resíduos sólidos a tratar, consequentemente necessitando de cada vez maiores quantidades de energia, tornariam as Energias Renováveis inviáveis. As enormes potências energéticas geradas a partir das actuais fontes não-Renováveis são incomparavelmente mais fortes que as futuramente produzidas pelas fontes de génese Renovável por mais generalizada que seja a implantação destas. Na base desta limitação estão factores de viabilidade económica e do consequente poder monetário das populações para lhes fazer face. **Indubitavelmente a mudança do paradigma Homem--Máquina para um novo estilo de vida de Baixa Entropia traz consigo a semente da humildade no comportamento Humano no sentido da suficiência de meios *versus* abundância. Tudo pela troca da quantidade pela qualidade de vida.**

No dia em que se escrevem estas linhas (28 de Dezembro de 2006) um jornal diário publicado num país da União Europeia, Portugal, citando uma fonte acreditada, o **Observatório dos Mercados Agrícolas**, difundia a notícia que 70% do preço final dos produtos agrícolas, isto é, no consumidor, fica com os distribuidores. Não serão necessários longos comentários "*intelligenti pauca*", isto é, para bom entendedor poucas palavras bastam.

O egocentrismo humano, a ganância, o despudor e a incompetência dos sucessivos governos deste país têm permitido o "jogo de regras" para que se chegue a esta situação. Este e outros fenómenos semelhantes, que são verdadeiramente desmotivantes e humilhantes para quem trabalha nos sectores agrícolas, são fruto de um velho paradigma que trouxe consigo a exploração do Homem, devido à ganância e ao livre oportunismo que se desloca num vazio legal, através de mecanismos próprios, traçados até por muitos que conseguem chegar a cargos com responsabilidades sociais. A questão das petrosociedades não é apenas e singularmente uma questão de escassez de Recursos Energéticos ou de exacerbadas tensões Ambientais. Todo este processo trouxe consigo a semente da imoralidade e da perversa e consentida ganância Humana para a qual, (e também para esta!) não se vislumbra sustentabilidade num futuro próximo.

Na medida em que as Sociedades Entrópicas nas suas variadas formas, física, económica, social e psíquica continuam as suas dramáticas caminhadas suportadas por uma cultura do "*quanto mais e mais rápido melhor*" o que constitui a glória dos mais pragmáticos e optimistas, vai sendo cada vez mais necessário tentar-se o equilíbrio possível evitando o caos anunciado. Um ser Humano verdadeiramente empenhado numa ordem planetária de futuro deve contribuir, nas suas possíveis proporções, para moderar, travar ou até condenar tais desenvolvimentos desastrosos para a Humanidade. Neste contexto temos por exemplo as avultadíssimas verbas monetárias em alguns países do Ocidente, hoje despendidas a favor da Investigação e Desenvolvimento, para o suporte de um defunto paradigma. Seria oportuno discutir-se a necessidade de uma nova ordem social, para um novo paradigma de vida, e mais lógico e razoável actuar na sua definição e construção, aplicando essas verbas nesse sentido. As actuais verbas orçamentais destinadas à Investigação e Desenvolvimento são entendidas sem dúvida para criar meios capazes do maior avanço científico e tecnológico, o que de algum modo tem acontecido em vários domínios da Ciência. No entanto estes esforços são **dirigidos no sentido de**

perpetuar algo que não tem sustentabilidade futura. Não é líquido que os enormes recursos financeiros que são suportados por todas as populações possam resultar em benefícios científicos e tecnológicos para as mesmas quando atingirmos os meados deste século, se entretanto não for radicalmente mudado o paradigma de vida actual. Qualquer que seja a "óptica" do raciocínio humano, algo em comum é hoje, na diversidade, partilhado pelas Sociedades quanto ao modo de ver o mundo, isto é, na visão negativista, optimista, pragmática e hedonística. Resultado da incomparavelmente maior informação disponível hoje em dia, todos estes tipos de pensamento sobre a "realidade", partilham a ideia de que as gerações actuais têm uma visão segura das "coisas" e da vida. Fosse a "realidade" mais concreta para os Humanos e seria, talvez, uma virtude para a compreensão dos fenómenos tal como se nos apresentam, não existindo tantas distorções da verdade. A questão do crescente divórcio entre o Homem e a Natureza que se tem operado com maior incidência desde os princípios do século passado tem desviado o ser Humano de se tornar mais compreensivo do mundo à sua volta. *Saber estar, saber compreender, saber ser útil e saber ser* são quatro níveis do conhecimento Humano distintos e inconfundíveis. O Homem do princípio deste século **sabe** com toda a certeza mais do que os seus antecessores porque tem mais informação e data tecnológica ao seu dispor, mas a verdade é que parece **compreender** cada vez menos, sobretudo os fenómenos da Natureza e portanto da relação íntima desta com a sua própria vida. O comportamento Humano nos adultos parece-se cada vez mais com infantes esperando ser servidos em tudo o que necessitam. Aguardam que as tecnologias os dispensem das tarefas físicas, que a Ciência médica cuide das descobertas inovadoras da medicina, e que se resolvam os problemas que criamos na nossa luta sem tréguas contra a Natureza. Espera-se que a Engenharia genética ou a Biologia Molecular cuide das atrocidades que cometemos na cadeia alimentar, com a poluição atmosférica, com a intoxicação da vida biológica troposférica e hidrosférica. Nas mentalidades mais pessimistas reina a ideia semelhante à dos últimos dias de Roma, isto é, *"que nada ou muito pouco pode ser feito para nos salvar do caos e da derrota"*. Para os mais negativistas, tudo o que se faça resulta em nada ou, ainda, que as coisas só podem piorar.

Há em toda a História da Humanidade alguns factos que convém reflectir. Os nossos progenitores foram pessoas auto-suficientes, não dependeram da Globalização para se auto-abastecerem. Nos dias de hoje, o Homem está completamente cativo do carvão, do petróleo e das regras que a gestão própria destes recursos dita, as quais são alheias ao conhecimento da esmagadora maioria dos cidadãos. Os Ecossistemas Naturais dos quais a vida de todos depende estão cada vez mais degradados: o ar, a água, os alimentos sólidos e líquidos, ... todos estes componentes vitais nos vão lentamente sufocando em proporções cada vez mais significativas. Todos conhecemos mais ou menos suficientemente o grande problema da Humanidade actual: **Somos cada vez em maior número sendo que cada um de nós quer uma quota-parte da Natureza progressivamente mais significativa.** Enquanto esta grande verdade é sentida por todos nós, **a Natureza com todos os seus Ecossistemas é na sua mais nobre essência, a mesma desde a sua origem. Algo terá que ser repensado.** Nada se pode continuar a exigir ao ritmo com que o temos feito. A mais verdadeira de todas as ideias da modernidade é a de que o Homem actual tem procurado sempre ajustar a Natureza aos seus anseios, necessidades e satisfações egocêntricas. *O grande e nobre saber, se inteligentemente for formulado pelo Homem moderno será **adaptar-se cada vez mais à Natureza e não o contrário**.*

O papel dos Estados na transição do Paradigma de Vida das Populações

Estados fracos são meros espectadores das pressões dos poderosos sobre as suas populações debilitadas e indefesas. Esta é a grande verdade que dificulta o sucesso na transição de paradigma da Alta Entropia para a Baixa Entropia, não obstante estar em causa o futuro das próprias vidas humanas. Como dizia Nietzsche *"Quer considere os homens com bondade ou malevolência encontra-os sempre a todos e a cada um empenhados na mesma tarefa: tornarem-se úteis a favor da conservação **da espécie**"*. Este intrínseco desejo da Humanidade não é muitas vezes efectivado devido a forças externas relacionadas com o ambiente social em que vivem as populações. É fácil a qualquer Estado proclamar-se Democrático perante as suas populações, tendo como base e ponto de honra a capacidade de lhes proporcionar eleições livres. No entanto, a Democracia exige como condição primeira e necessária a liberdade extensiva aos mais amplos domínios da vida humana. Nenhuma Sociedade pode viver democraticamente quando é coagida economicamente pelos mais fortes a viver sobre regras rígidas por estes impostas. Este é o caso em muitos "Estados fracos" em vias de desenvolvimento. É óbvio que este facto constitui um entrave sério a qualquer mudança no paradigma de vida das Sociedades.

Nas Sociedades dominadas pelos combustíveis fósseis (todas as Sociedades Ocidentais) onde o petróleo e derivados são a fonte Energética principal e determinante dos processos Industriais, não é possível, de acordo com as Leis da Termodinâmica e do Princípio da Entropia máxima, a criação de um Ambiente físico e social com sustentabilidade futura enquanto as regras económicas não estiverem fortemente condicionadas à preservação dos Recursos Naturais mais essenciais à vida Humana. Tudo o que é rejeitado para a Natureza resultante dos processos Industriais e da vivência actual, afecta negativamente a Biosfera (zona planetária onde nos encontramos) e esta afectação tem por sua vez impacte em todo o resto do Planeta de constituição abiótica (matéria inerte). A Natureza é um todo equilibrado que apenas, e só temporariamente, consente as mais violentas agressões hoje praticadas pela espécie Humana que se verificam por toda a parte do Planeta.

Em tudo o que se seguirá nas próximas décadas sobre a transição dos estilos de vida actuais para outros mais sustentáveis, os respectivos Estados terão de exercer acções muito mais fortes e determinadas, primeiro como motivadores esclarecidos e depois, a todos os níveis gestionários executando acções de controlo e de imposição disciplinar e regulamentar sobre tudo aquilo que o bom senso dita como sendo necessário fazer-se e cada vez mais de modo urgente e consistente ... a preservação da Natureza.

A natureza Humana tem alguma propensão para vulgarizar e banalizar os sentimentos mais nobres e generosos. O pensamento humano, infelizmente comum, é: *"haverá aqui algum proveito próprio escondido"*? É normal que movimentos fortes e contrários ao novo paradigma se formem por toda a parte num sentido egocêntrico e determinado para que a transformação não se realize e portanto ponham em causa o seu sentido mais nobre, tentando assim que a vida continue como até aqui. As populações actuais desconfiam, em geral, dos outros com ideias menos comuns, como se estes procurassem o seu benefício próprio usando artifícios e propagando ideias novas e portanto mais abstractas. Dizem alguns: ***"Como é que as pessoas sem serem cegas podem procurar a sua desvantagem, o seu prejuízo"***? É contra este tipo de mentalidade formada há pelo menos dois séculos que as entidades oficiais de cada Estado terão que "lutar" no sentido de procurar o bem Social e só este. Os Estados devem reconhecer atempadamente (e não deixar que as populações sejam forçadas a reconhecê-lo primeiro), que a natureza Humana na sua dimensão mais comum, isto é, o **vulgo**, nunca perde de vista o seu proveito próprio, o seu egocêntrico benefício, numa obsessão cega de alcançar o lucro mesmo a prejuízo do próximo e por meios muitas vezes psicologicamente violentos. É assim a natureza Humana da espécie que melhor conhecemos.

A Superior Natureza Humana não se inclina, contudo, a actuar do mesmo modo. O Homem mais nobre e generoso, isto é, aquele que se sacrifica e sucumbe aos seus instintos mais vis, nos seus melhores momentos de reflexão, faz uma pausa, considera os outros e as suas vidas e age em favor de todos incluindo ele próprio. Mas estas são infelizmente excepções num universo populacional. Os Estados devem estar totalmente cientes deste facto e actuar sempre em conformidade com a regra geral. Como vulgarmente se diz, "*o bem não existiria se não fosse concebida a ideia do mal*". **Também os espíritos mais malignos têm, paradoxalmente, a virtude de instigar e motivar os espíritos mais fortes, obrigando-os a inclinar-se para o progresso.** Os espíritos mais fracos ou malignos reacendem paixões adormecidas nos mais fortes, motivam o gosto pela inovação, pelo risco, pela destreza. As novas ideias e criações são, regra geral, recebidas sempre com "pedras na mão". Esta é uma das regras comportamentais da Sociedade mais facilmente constatada. É a reacção mais imediata de um mendigo que recebe um casaco novo de oferta em troca do seu, velho, roto e sujo... *nunca a oferta é melhor do que o casaco que possuía; ...há pois que esperar pelo ajuste físico e pelo "encaixe psicológico".*

Desde os motivadores e pregadores da religião às mentes mais diversificadamente activas e revolucionárias não se permitem obter meios êxitos quando se fala de deveres e obrigações. Luta-se por regras supremas como as entendem, até que as enviesadas concepções virtuosas sejam realizadas, muitas vezes com sacrifícios imensos das próprias vidas. Esquecemo-nos muitas vezes de esperar pelos outros, como o dador do vestuário ao mendigo. **É necessário respeitar os ritmos próprios das Sociedades educadas e treinadas noutros paradigmas durante séculos.** Seria um erro grave dos Estados impor de forma mais ou menos brusca um novo paradigma social a partir de certo momento na História. Haverá certamente um processo que se deseja efectivo mas suficientemente dilatado no tempo em tudo o que implica Cultura, Educação e até modelos de desenvolvimento Industrial e Sócio-Económico, para que os novos paradigmas de vida possam fruir. O contrário, isto é, a quebra brusca do paradigma de vida, seria talvez a maior de todas as agressões cometidas contra a própria Natureza Humana.

Aos Estados que verdadeiramente se empenham em causas morais abre-se um enorme e vastíssimo campo de trabalho com a mudança de paradigma de vida da Alta Entropia para a Baixa Entropia como condição de sustentabilidade futura. Muitas Instituições não estarão até preparadas em competências para levar a cabo tão vastas e abrangentes matérias. Os estados sociais, **todos**, devem seguir com entusiasmo e paixão esta caminhada transitória de modo ponderado, tendo a razão como causa principal da transformação. O cidadão trabalhador deve tornar-se cada vez mais útil socialmente e ao mesmo tempo mais esclarecido numa dimensão holística do seu ser. Deve possuir a ideia de que nada do que deu cor à existência Humana tem ainda realizada a descoberta total da sua verdadeira história. É necessário descobrir sempre mais! Deve interrogar-se cada vez mais sobre as regras que tem subjacentes à sua vida, e quem as proclamou, quem decidiu sobre o correcto e o errado das suas próprias acções no direito, na alimentação e seu controlo, no seu valor salarial comparativo, na sua educação. Todas as qualidades de que o Homem tem consciência foram avaliadas e aferidas comparativamente segundo regras alheias a si próprio, onde não teve qualquer dizer. Foram regras que na sua profundidade foram estabelecidas desde há séculos. As nossas qualidades mais visíveis que em particular são aquelas em que mais acreditamos, seguem um caminho imperceptível àqueles que se predispõem divulgar e controlar essas regras que a História e o paradigma social ditaram. Existe de facto uma infinidade de aspectos relacionados com a vida Humana que as pessoas intrinsecamente vão assimilando e interiorizando os quais foram produto de um passado histórico. As gerações passam mas a alma com os seus predicados mais íntimos vai passando também de uma forma genética e congénita sem que muitas vezes nos interroguemos porque pensamos e agimos da forma como o fazemos. É a passagem de um testemunho social em que o **presente** é sempre uma ponte entre o **passado** e o **futuro**. Os Homens mais nobres e célebres no seu carácter utilitário de uma certa época, parecem-nos fenómenos raros, rebentos fugazes das culturas antigas. Damos-lhes valor, lemo-los, contemplamos até as suas obras com admiração e devoção. No seu tempo, se atentarmos nas suas passagens e na forma como foram tratados enquanto pessoas, a maior parte deles sofreu as maiores revelias, dissabores, frustrações e até torturas por parte das Sociedades em que estavam inseridos. É o fenómeno da reacção social ao novo, ao diferente e ao criativo. É este o aspecto mais vivo da história da Humanidade actual no que concerne a rotina, comodismo e egocentrismo *versus* inovação, mudança e utilitarismo.

Os atavismos sociais encontram sobretudo nas "castas" dominadoras fortes tendências para avanços e recuos baseados em velhos instintos onde predomina fortemente o "*status quo*" e não a evolução que muitas vezes é proclamada de forma enganosa. O carácter humano na sua forma mais genuína assim como seus ritmos próprios são comparáveis aos sons musicais: *os ritmos mais evolutivos são sinceros, são naturais e importantes como na música... estes que, como sabemos, têm de ser audíveis e facil-*

mente descodificados pelos órgãos sensoriais para poderem ser úteis. O comportamento Humano actual não está conforme em muitos aspectos com o que lhe foi pré-destinado. O Homem foi concebido para ser actuante com base na reflexão, na invenção e na descoberta da verdade das coisas e da vida. Há hoje uma hesitante humildade na busca da verdade dos fenómenos que mais nos afligem. Esta atitude é consequência das pesadas regras comportamentais, *"lato sensu"*, que se têm abatido e dinamicamente actuado sobre a conduta Humana. Sempre que acontece qualquer evento que nos choca há uma tendência generalizada para retirarmos, desviando-nos do incómodo físico ou psicológico no enfrentar das situações mais adversas, reagindo como se disséssemos, *"isto não pode ser verdade, é melhor retirar do que tomar qualquer atitude"*. Esta é a situação mais comum hoje constatada por mais que nos custe aceitar. Em vez de procedermos a uma cuidada observação e reflexão sobre o que nos aflige, saímos de cena muitas vezes aterrados em frustrações de enorme impacte negativo nas nossas vidas. Admitirmos as fraquezas ou as adversidades naquilo que nos rodeia é matéria cada vez mais tornada indesejável para ser combatida e corrigida. Os Estados, nas suas intervenções mais adequadas ao pensamento Humano, devem actuar sempre com dados actualizados sobre esse mesmo pensamento. Se assim não se verificar, os resultados são sempre de conflitualidade, de ineficácia na interacção social e de esbanjamento de recursos na tentativa de resolver novos e acutilantes problemas sociais. Esta é infelizmente a situação mais repetida na actualidade.

As actividades humanas no mundo Ocidental tornaram-se cada vez mais intensas no comércio, na compra e na venda de bens. O espírito produtivo pelo utilitário na criação de riqueza e das mais valias sociais, que representou no passado e representa no presente uma missão nobre das populações, está cada vez mais longínqua da mente Ocidental. As pessoas ocupam-se massivamente nos serviços comerciais, nas trocas, sempre num espírito de defesa dos seus próprios benefícios. Nos mercados do trabalho as populações "vendem" os seus talentos de acordo com as suas necessidades de sobrevivência e não por opção em trabalharem naquilo onde podem ser mais úteis, mais eficazes e até mais felizes. As contingências do mundo laboral sobretudo para os jovens são enormes. A possibilidade de se trabalhar naquilo que mais nos apraz, onde nos sentimos mais habilitados e portanto mais felizes no mundo do trabalho, é cada vez mais rara. No actual paradigma de vida as populações são levadas a procurar trabalho apenas como fonte principal de sobrevivência, e só raramente procuram ocupação laboral num contexto de utilidade social. A função social citada por J. J. Rousseau para o mundo do trabalho nas Empresas e Instituições está cada vez mais arredada das populações. É este um paradigma de vida, sem dúvida, a caminhar para o fim da sua existência. As soluções desviantes deste fim podem e devem estar, não na guerra física e química, mas na "guerra educacional", na guerra das consciências humanas e no combate ao egocentrismo e aos atropelos mais insensíveis e dolorosos da Espécie Humana. Por mais importância que possamos dar aos motivos que nos levaram ao pensamento actual sobre a Natureza e a Vida, a verdade é que agindo como agimos num quotidiano cada vez mais frenético e desprendido, e afastando-nos assim do que constitui aquilo que mais caracteriza a Espécie Humana, isto é, a Racionalidade, continuaremos a bater-nos por algo incerto e de futuro duvidoso. A pessoa Humana tem consciência que a sua miséria ou a sua felicidade duradoura lhe advém do trabalho socialmente útil na fé e na esperança como factores determinantes dos resultados a obter.

Não existe argumento mais forte para a luta humana do que o da defesa e promoção de uma vida saudável digna e feliz. Proporcionarmos a nós e aos outros um mundo no qual possamos viver com um significado profundo do que representamos no Planeta é mais do que um dever... é uma obrigação vinculada a qualquer ser Humano.

A alimentação de uma "*praxis*" na acção Universal mediante a qual as Sociedades actuais possam enformar a sua história de um mundo mais digno e sustentável é objectivo daqueles que, não aceitando a dinâmica na adversidade e no antagonismo à Natureza, procuram novos horizontes capazes de levar a Humanidade ao caminho que lhe foi predestinado a seguir... **viver em mais harmonia com as suas origens naturais**. Hoje, vastos grupos dedicados à Sociologia e Medicina Ambiental existentes em zonas diversas do Planeta convergem num princípio fundamental: só, e mesmo só, a mudança de paradigma envolvendo a Economia, a Política, a Educação e os consequentes comportamentos da Sociedade em geral pode constituir uma solução para a crise Energética e Ambiental que se avizinha, caminhando a seu tempo para o caos, sobretudo e paradoxalmente nas zonas mais ricas das Sociedades Ocidentais. As populações, uma vez informadas da situação real e dos objectivos propostos, actuarão em alerta e com determinação, **opondo-se aos que tudo toleram menos o que pessoalmente os possa atingir**, e por isso bater-se-ão heroicamente pelo "*status quo*", pelo "*consumismo verde*", pela caridade envergonhada e pelos processos do tipo *"band aid"*. Contra estas tendências actuais do comportamento humano, da não aceitação de qualquer nova ordem Social, embora útil a todos, as populações devem reagir actuando e enfatizando, com base no poder colectivo das pessoas como agentes úteis e produtores de riqueza, com envolvimento das comunidades locais, aperfeiçoando assim as democracias que, em países, incluindo alguns na esfera da U.E., ainda verdadeiramente só existem na sua formalidade mais legal. A liberdade de voto e de expressão *"per si"* está muito aquém da necessária prática democrática que só é verdadeiramente possível quando as populações se sentirem livres na responsabilidade. A liberdade precede, na hierarquia do comportamento social, o estatuto de democracia.

Existem hoje contradições fortíssimas nos ideais acima citados e disso não devem restar quaisquer dúvidas. As Empresas actuais que operam no mundo Ocidental e também noutras zonas, são governadas pelos mecanismos de mercado, sejam eles em cooperativas ou em propriedade pública ou privada, e são pressionadas a todo o custo para a concorrência e para o crescimento de forma a manter receitas, quotas nos mercados e a fazerem tudo pela sua sobrevivência, se possível economicamente abundante e próspera. Só uma Economia pensada para causas sociais e portanto com o respeito pela sustentabilidade da vida Humana pode evitar os problemas subjacentes às superproduções, ao desperdício na degradação energética e ambiental, à redução dos postos de trabalho e a outros aspectos dos quais depende a vida das pessoas. **É extremamente difícil podermos conceber Organizações Empresariais funcionando como funcionam em muitos países, com o tipo de controlo governamental a que estão sujeitos e simultaneamente pensarmos em melhores condições ambientais, de segurança no trabalho e na melhoria contínua das condições de vida dos próprios trabalhadores**. A crise existe e está para durar até que outras formas de controlo governamental sobre muitas destas Organizações Empresariais sejam efectivamente apresentadas e implementadas.

A degradação Ambiental,
o impacte nos Recursos Hídricos e na Saúde Humana

De entre todos os Recursos Naturais existentes no Planeta e indispensáveis à vida e ao desenvolvimento Social, os Recursos Hídricos, sendo os mais abundantes, têm sido, principalmente desde a segunda metade do século passado até ao presente, os mais sacrificados pelo exacerbado paradigma de vida Ocidental no que ao Ambiente físico diz respeito. A Água é certamente o Recurso Natural de entre todos, aquele que na sua falta, pelo menos em termos de qualidade exigível ao normal funcionamento do metabolismo humano, causará maiores danos na saúde humana em geral. Experiências do passado e recentes mostram-nos como este Recurso pode implicar desastrosas epidemias de cólera, por exemplo, em algumas zonas do Planeta.

A Água que usamos mais directamente na alimentação provém de um ciclo Natural, o ciclo da Água, o qual tem lugar no Planeta em regime contínuo e cuja harmonia está sempre muito dependente de outras variáveis ambientais como o ar atmosférico, os solos e sua constituição, e certamente da acção antropogénica, nos métodos agrícolas, que adopta, nos tipos de vegetação ou na sua ausência e numa grande diversidade de outras operações que, infelizmente nos últimos tempos têm sido altamente detrimentais para a preservação dos Recursos Hídricos. Estes Recursos representam importância determinante e vital para uma vida humana saudável.

A Água inicialmente sob forma de vapor na atmosfera, perdendo calor através das camadas de ar de menor temperatura, condensa-se e depositando-se sobre os solos, constitui um alimento indispensável ao funcionamento regular do corpo humano. Os Ciclos Naturais da Água estão hoje, sobretudo na zona Ocidental do Planeta, drasticamente alterados, devido sobretudo ao impacte da acção antropogénica na Atmosfera e nos restantes Ecossistemas. Existem zonas do Planeta onde, em condições extremas, a precipitação actual não ultrapassa os 20 metros cúbicos anualmente. As actuais previsões apontam para certas regiões da Europa Ocidental passarem, no futuro, embora de forma mais ou menos lenta, a obter precipitações cada vez mais reduzidas. A Península Ibérica, assim como outras Regiões da Europa Ocidental, estão nestas previsões, infelizmente. Estas mudanças atmosféricas são apontadas como consequência de fenómenos com origem antropogénica, designadamente do efeito de estufa provocado pelas emissões de CO_2 cada vez mais exacerbadas a partir dos consumos de energia nas Indústrias, nos consumos próprios domésticos e comerciais e na circulação de viaturas automóvel.

A falta de pluviosidade implica necessariamente um défice cada vez mais acentuado de armazenamento em albufeiras e em níveis freáticos e consequentemente no fornecimento às populações que, sempre a um ritmo em crescendo, vão criando sérias questões para serem resolvidas a curto prazo, por razões diversas: 1) maior procura individual porque felizmente existe mais informação sobre alimentação e higiene; 2) novos e exigentes requisitos de prazer como a jardinagem e piscinas e outros factores de consumo próprios da época em que vivemos; 3) população à escala planetária a aumentar actualmente a ritmos sem precedentes.

A questão da disponibilidade dos Recursos Hídricos em condições de servir as populações reveste-se na actualidade de uma importância comparável aos abastecimentos de energia em suficiência. Os problemas a resolver originados pelas descargas das águas residuais urbanas e industriais nos rios e oceanos estão hoje, início do século XXI, e não obstante a ênfase dada ao valor das tecnologias de tratamento, longe de serem resolvidos. As eutrofisações costeiras das águas dos rios e mares são disto um exemplo irrefutável. Devido a uma escalada sem precedentes da construção urbana em zonas onde, em primeira-mão nunca deviam ter existido, verificam-se problemas nas orlas costeiras, com prejuízos dificilmente calculáveis, causados nos Ecossistemas Aquáticos, os quais se caracterizam ainda pela sua irreversibilidade. Quantidades impressionantes de matérias orgânicas e de corpos não solúveis na água, descarregados sobre os solos, rios e mares, constituem actualmente um desastre ecológico de dimensões e consequências imprevisíveis para a vida fluvial e marítima, enquanto as águas para usos domésticos **directos** são, em muitas áreas populacionais, de qualidade cada vez mais duvidosa, senão mesmo desastrosa no âmbito da saúde geral das populações. Os abusos na introdução de fertilizantes em excesso sem precedentes, pesticidas e insecticidas nos processos agrícolas, não sendo metabolizados pelas espécies vegetais nas suas maiores proporções, chegando aos lagos, rios e mares, constituem hoje um dos maiores perigos para a saúde humana. *Primeiro* porque são as águas dos lagos e rios com indesejáveis componentes químico-orgânicos que são usadas por norma em sistemas de rega para alimentos de consumo cru (vegetais). *Segundo* porque as águas de consumo doméstico directo, embora tratadas física e quimicamente, com tecnologias de tratamento, embora modernas, são "cegas" aos pesticidas e insecticidas. Estes elementos são conhecidos por serem altamente nocivos à saúde Humana constituindo-se Poluentes Persistentes no Organismo Humano (POP's).

Enquanto nos países mais industrializados e portanto naturalmente mais ricos se vão intensificando as normas de qualidade das águas e assim se atenuam os efeitos nocivos, no resto do Planeta mais empobrecido a questão da qualidade deste bem é seguramente a mais séria de todas as ameaças que se colocam a estes seres Humanos. Na Comunidade Europeia as normas de qualidade das águas são editadas pela Comissão respectiva, embora cada país membro possa decidir também sobre as suas próprias directivas se assim o entender, contudo submetendo-se às Normas da Organização Mundial de Saúde (OMS). Em qualquer dos casos, os parâmetros qualitativos que ainda hoje podem constituir um risco para a Saúde Pública não estão claramente esclarecidos, e portanto rigorosamente controlados pelos órgãos oficiais de cada país. É difícil corrigir-se no tratamento de uma água de abastecimento público a consequência das acções mais devastadoras que actualmente se cometem nas actividades agrícolas actualmente centradas na especulação concorrencial e nos lucros próprios, afectando em desfavor os consumidores. As drenagens e lixiviagens com quantidades de pesticidas e insecticidas são hoje um tremendo risco para as populações. Esta é sem dúvida uma consequência abrangente do actual paradigma social, isto é, o paradigma do "mais e mais rápido para maiores proveitos"! A continuação deste paradigma rejeita qualquer acção terapêutica nos processos produtivos onde a saúde humana e a sustentabilidade da vida não são o objectivo. Só um controlo efectivo e responsável actuando sobre todo o território de cada país ou região pode defender, neste caso, a saúde das populações. Infelizmente, este nível de controlo não é verificado ainda na generalidade, mesmo na zona da U.E.

A presença de genes patogénicos (bactérias ou vírus) é muito difícil detectar nas águas de consumo durante os processos de tratamento de grandes massas de água.

Tanto durante os processos de tratamento como a jusante das ETA (Estações de Tratamento de Águas de consumo doméstico) a monitorização e controlo dos agentes patogénicos deve estritamente obedecer às Normas de Saúde em vigor. Estas Normas em vastas áreas populacionais são muitas vezes de duvidosa eficácia na sua devida aplicação, quer por razões técnicas quer por falta de qualificação dos recursos humanos. E esta é uma das mais duras realidades alimentares da actualidade. A água, paralelamente à importância que tem na ingestão directa pelo corpo humano, entra em praticamente todos os processos de transformação alimentar de que todos dependem, tendo por conseguinte um impacte determinante na cadeia alimentar e portanto no estado mais ou menos saudável das populações afectas.

O consumo total de água em todas as actividades, incluindo o uso doméstico no Planeta é calculado, na base da satisfação anual mínima, (quantidades mínimas que estão longe de serem verificadas em grande parte da população mundial) é de 3000 Km^3/ano, ou seja de aproximadamente 460 litros/ano por habitante. Grandes centros populacionais de alguns países industrializados consomem actualmente cerca de 200 litros/dia por habitante! Estes consumos são aplicados, paralelamente à satisfação do metabolismo humano, em higiene, lavagens de roupa, louças, viaturas e em outras utilizações onde os regulamentos impõem cada vez mais a água como agente de higiene. Entretanto as massas de água que não são consumidas, constituindo largamente a maior parte, são reenviadas para os esgotos em forma degradada, as quais são ciclicamente tratadas nas ETARS (Estações de Tratamento de Aguas Residuais Urbanas e Industriais) e daí reenviadas aos Ecossistemas Naturais, geralmente rios que, seguindo os seus fluxos normais, atingem os mares. A Água constitui a substância líquida natural actualmente eleita pelo Homem para eliminar uma parte muito significativa dos seus desperdícios. No entanto, uma vez que dela se serviu a partir dos Recursos Naturais, não mais lhe interessando, devolve-a à Natureza. Há cerca de meio século esta devolução era realizada, geralmente de uma forma directa. Os caudais de descarga à época eram incomparavelmente menores sendo as águas sujas descarregadas sobre os Ecossistemas sem qualquer tratamento prévio e as matérias em degradação absorvidas e recicladas pelos próprios Ecossistemas. Com o crescimento Industrial e populacional tal procedimento tornou-se inviável. As águas são sujeitas por Regulamento próprio a processos de tratamento prévio e depois devolvidas à Natureza. E todo este ciclo é actualmente conseguido através da utilização de consideráveis quantidades de Energia, principalmente na forma de utilização eléctrica. Cada vez mais os Centros de Tratamento de Águas Residuais são conhecidos por toda a parte do Planeta onde geralmente a eficácia e a eficiência dos processos está muito aquém do que normalmente seria desejável. Os Ecossistemas Aquáticos recebem por minuto e por todo o Planeta enormes quantidades de água ainda consideravelmente degradada, oriunda das centrais de tratamento donde se esperaria superior eficácia nos processos aplicados.

Também a produção das águas potáveis vai sendo cada vez mais complexa e onerosa. A Água tornar-se-á em poucas décadas uma substância líquida de importância tal, comparável em preços aos combustíveis fósseis por ser cada vez mais oneroso o seu tratamento. Alguns dos grandes flagelos actuais da saúde Humana são devidos em parte às águas de consumo doméstico. As águas oriundas das descargas urbanas estão cada vez mais carregadas de dejectos cuja composição física e química vem sendo alterada com grande frequência, sobretudo devido à ingestão de novos medicamentos. Este facto impõe níveis de controlo às ETAR cuja eficácia é cada vez menos possível manter. Entretanto, a filtragem químico-biológica de algumas substâncias "poluentes persistentes" é praticamente impossível de tratar numa ETAR Urbana. E este é um facto difícil de aceitar porque é algo dramático.

Enquanto as águas de descarga (águas residuais) das zonas urbanas vão constituindo grandes desafios às técnicas de tratamento e à ciência médica, nas suas consequências, nas águas residuais industriais são também, cada vez mais, encontrados novos metais e substâncias orgânicas e inorgânicas dissolvidas onde os Regulamentos, em muitas jurisdições, obrigam a passagem destes caudais, pelas Estações de Tratamento próprias em primeira mão, antes de passarem pelas Estações de Tratamento Municipais seguindo-se as descargas finais nos rios e mares. Os custos de todos estes processos estão crescendo em espiral e, incidindo sobre as populações, vão-se tornando encargos cada vez menos suportáveis no futuro. As ETAR são estações de tratamento cada vez mais sofisticadas, encarecendo os investimentos iniciais e os custos operacionais incluindo a energia eléctrica consumida nos processos de tratamento. Dos consumos de Energia Eléctrica o impacte a montante na poluição do ar não se faz esperar e assim se forma uma espiral de acontecimentos que são, infelizmente desconhecidos do cidadão comum mas que ameaçam o futuro de todos. Á sofisticação da ciência, da técnica e das tecnologias contrapõe-se a dúvida dos seus custos presentes e futuros e a capacidade de resposta económica das populações. Poderão as Sociedades continuar a suportar os custos destes processos cada vez mais sofisticados e exigentes para salvaguarda do objectivo final, isto é, da saúde pública? Esta questão constitui uma das maiores incógnitas e desafios do paradigma de vida Ocidental na actualidade. E se a resposta for definitivamente não, como se poderá viver num futuro próximo, que se quer evoluído e sustentável do ponto de vista económico para as populações?

As Normas de Qualidade aplicáveis às águas de consumo doméstico, por mais paradoxal que possa parecer, são, na U. E., tomadas com tanto mais rigor e maior frequência de controlo quanto a relevância em número das populações servidas pelas respectivas redes. Na prática, em redes de distribuição de maior dimensão, verifica-se que as águas de uso doméstico são analisadas várias vezes ao dia, e realizado em contínuo para a verificação de certos parâmetros químicos e biológicos. Nestas redes pode esperar-se considerável eficácia no processo de qualidade. Nas redes de menor dimensão, isto é, em localidades com populações em número inferior, os problemas qualitativos com as águas de consumo doméstico são frequentes, mesmo em alguns países da U.E. Esta é uma questão da mais elementar injustiça no contexto global do zelo devido à saúde das populações. Este assunto torna-se tanto mais relevante quanto ao tratamento das populações quanto mais nos apercebemos do número de cidadãos que ainda hoje se alimentam das águas subterrâneas, via furos artesianos que uma vez conseguidas, sem licenças autárquicas ou outros, se alimentam destas águas sem quaisquer análises prévias químico-biológicas. Na Europa existem ainda nestas condições de abastecimento de águas de consumo doméstico largos milhares de cidadãos. Não são mencionados aqui, por falta de oportunidade (e de contexto), os casos dramáticos que se vivem em África, Ásia e em algumas Regiões da América do Sul e Central quanto ao abastecimento de águas de consumo doméstico. Ao que até aos meados do século passado as populações reclamavam como águas puras as que conseguiam obter via furos artesianos, contrapõe-se na actualidade a obtenção de águas subterrâneas com a maior perigosidade para a saúde física e mental dos cidadãos. De facto os processos agrícolas centrados nos excessos de fertilizantes azotados, nos insecticidas e pesticidas aplicados e não

Homem – Máquina – Paradigma da Vida Moderna 159

metabolizados pelas plantas são infiltrados nos solos através das chuvas, estas também em crescendo contaminadas pela poluição atmosférica, indo eventualmente atingir as toalhas freáticas donde se abastece uma parte ainda significativa das populações Ocidentais e uma parte maioritária em algumas outras regiões do Planeta.

A contaminação química e bacteriológica das águas é, sem dúvida alguma, responsável por múltiplas doenças contraídas pelas actuais populações. De entre outras doenças de origem química e bacteriológica via ingestão humana das águas de consumo, estão as frequentes parasitoses afectas à ingestão de águas contaminadas. Estima-se que no Planeta poderão existir cerca de 500 mil humanos sofrendo de gastroenterites hídricas, 200 milhões sofrendo de bilharziose e cerca de 150 milhões sofrendo de paludismo devido à ingestão de águas impróprias para consumo Humano(*)'. Esta questão está atingindo proporções de tal modo elevadas que os gestores sociais e políticos a nível planetário estão cada vez mais cépticos na sua possível resolução. Com as presentes taxas de evolução da população mundial, todas as previsões apontam para calamidades futuras na saúde pública sem precedentes na História Humana. No extremo das previsões poderá vir a verificar-se um dos maiores flagelos para a saúde Humana – a escassez ou insalubridade da Água de alimentação. A situação vivida em algumas partes do Planeta mais desfavorecidas economicamente, onde as próprias águas de alimentação são "desinfectadas" com insecticidas na tentativa de combate a certos tipos de larvas existentes nas águas, é o exemplo de uma tragédia humana hoje real, infelizmente. Cerca de 35 milhões de habitantes do Planeta foram diagnosticados com a doença de oncocercose que é uma doença parasitária que pode provocar a cegueira através de uma larva presente em certas águas consumidas nesses países.

Até este ponto foi mencionada quase exclusivamente a correlação das águas de consumo doméstico com a problemática da saúde das populações que não obstante os importantes progressos da Medicina, é uma das questões mais preocupantes e eminentes nos nossos dias. Até aqui, pouco se tem mencionado sobre o impacte das águas poluídas na vida aquática, designadamente rios e mares, afectando indirectamente a cadeia alimentar humana de modo também preocupante.

(*)' – Organização Mundial de Saúde (OMS) – 2002.

As matérias degradadas, principalmente as resultantes dos usos domésticos, são essencialmente constituídas por matérias orgânicas. A jusante dos lançamentos destas matérias, não obstante os esforços tecnológicos no tratamento das águas residuais, assiste-se de forma crescente à degradação aceladara dos cursos de água. As matérias orgânicas que seguem estes cursos são lentamente oxidadas pelos decompositores constituídos pelos microorganismos residuais nestas águas em adição às quantidades existentes nas próprias matérias orgânicas entretanto degradadas. Este trabalho decompositor consome quantidades de oxigénio das águas proporcional à sua concentração poluidora, ficando todo este Ecossistema aquático em ambiente *quasi* anóxico, onde praticamente toda a vida aquática e a diversidade biológica são destruídas. Abundam hoje, por toda a parte do Planeta, situações de degradação total da vida aquática devido a descargas de matérias orgânicas não devidamente controladas. Estas situações impõem cada vez mais restrições no Ordenamento Territorial no que concerne à construção civil, designadamente junto a orlas marítimas. À questão da poluição provocada pelas matérias orgânicas junta-se a degradação aquática imposta pelos detritos inorgânicos como o amoníaco, produto bastante tóxico para os peixes que oxidando-se em nitratos exerce, como os fosfatos, pesados inconvenientes na vida animal fluvial e marinha. Por fim o depósito de alguns metais nas águas de rios e mares pode ser igualmente catastrófico para a fauna aquática e consequentemente a cadeia alimentar humana.

Nas descargas dos resíduos líquidos de origem Industrial encontram-se matérias orgânicas diversas em quantidades elevadas, como por exemplo nos processos de produção da pasta de papel e das indústrias de transformação alimentar. Estes detritos são de efeito semelhante, em termos de impacte nos Ecossistemas, aos de origem urbana, mas com um grau de degradibilidade superior levando a níveis de poluição e consequências mais visíveis. O mais relevante impacte das descargas de génese Industrial nos Ecossistemas aquáticos advém contudo dos elementos tóxicos por natureza... os metais pesados, os detergentes, os hidrocarbonetos e os solventes.

O impacte nas faunas fluvial e marítima pode ser desastroso como frequentemente o é, com efeitos quer locais quer dispersos na massa de água dos rios, mares e oceanos. No actual paradigma consumista como consequência da actual produção e competitividade exacerbada e sem limites, toda a problemática da poluição das águas e da necessária correcção está definitivamente comprometida. Tudo o que se tenta corrigir por Regulamento, por Decreto, por Convénios ou por Acordos Internacionais sem que sejam reflectidas as questões de fundo no sentido da necessidade imperiosa de um novo paradigma da vida Ocidental, é mero adiamento, apenas em benefício de alguns, da grande questão actual com que a Humanidade cada vez mais se debate... a sustentabilidade ou insustentabilidade de vida futura no paradigma de vida dominante. Existem limites para crescer num Universo à escala planetária e estas restrições são impostas pela *"Master Natura"*. Qualquer contrariedade de origem antropogénica exercida sobre a Natureza e suas Leis fundamentais encontrará, sempre uma força contrária de cada vez maiores proporções. Esta imensa força natural de reequilíbrio dos Ecossistemas tem os seus limites bem definidos acima dos quais estarão as tragédias sucessivas para a Humanidade.

As descargas das águas residuais com origem nos processos agrícolas e pecuária actuais vão constituindo de facto grandes preocupações nas regiões economicamente mais prósperas do Planeta. Recorde-se a este respeito as necessidades do metabolismo Humano na ingestão de uma quantidade mínima de alimentos para que a pessoa possa sobreviver e relacione-se esta quantidade através das operações mais elementares da matemática considerando todos os habitantes do Planeta. Assim se chega com relativa simplicidade às quantidades alimentares que diariamente deveriam ser produzidas. Contudo, na realidade esta distribuição é o mais ímpar e desigual que possamos imaginar. O mundo Ocidental produz excedentários alimentares em vasta escala, embora a distribuição de alimentos a nível planetário continue longe do equilíbrio. Os mais pobres ou aqueles nos limites da sobrevivência alimentar, continuam a sofrer as maiores carências, fome, miséria e morte por faltas alimentares. A fórmula matemática a que se chegou para a produção necessária e consequente distribuição alimentar pelos mais díspares seres Humanos no Planeta não funciona na prática. Infelizmente, a Ciência, a Tecnologia e o Saber em geral, não se inclinam na actualidade o suficiente para o lado de uma sobrevivência digna nem para um desenvolvimento Humano mais equilibrado. Antes têm sido, e são-no presentemente, os **motores do actual paradigma** numa visão mais hedonista.... *"ir-se mais longe para mais rápido e confortável se poder viver"*. Nos "escalões" mais elevados dos cérebros humanos parece não importar muito a questão dos ritmos próprios dos seres nem do seu legítimo direito à sobrevivência com os meios mínimos e necessários à sua própria existência.

No contexto dos recursos usados nos actuais processos agrícolas e pecuários e os consequentes detritos sólidos e líquidos produzidos evidencia-se uma forte preocupação no que se refere ao impacte nas águas de consumo doméstico. Nas Economias Ocidentais fortemente centradas no lucro imediato com "*turn-over*" exigido e nunca antes sonhado, o ser Humano vai, com base no cumprimento de Regras e Decretos existentes, os quais estão frequentemente desfasados da vida real das pessoas, destruindo o património mais valioso da sua própria existência...a vida. A palavra-chave hoje na Agricultura de média e grande escala (e até da pequena exploração!) é a "*quantidade e a rapidez da colheita*". **Sem outros preconceitos ético-morais nem controlo adequado, assim se vão abastecendo mercados e criando "montanhas" de problemas à saúde pública.**

A questão das quantidades excessivas de nitratos lançados à agricultura, em algumas zonas da U.E., sem o controlo e a informação devida aos agricultores, deve ser fonte de grande preocupação de todos. A fertilização dos solos exige proporções bem definidas em função do seu tipo e dos constituintes, para a determinação das doses a aplicar principalmente nitratos, fosfatos e potássio. Qualquer desvio significativo, em excesso nas suas próprias proporções pode ser altamente detrimental, quer directamente para a saúde humana quer indirectamente para as águas fluviais e marítimas através das lixiviagens. No domínio da pecuária e destacando a suinicultura como origem principal de grande carga poluidora, tem-se imposto cada vez mais o tratamento deste tipo de resíduos sólidos e líquidos através da construção de ETARS com características próprias e específicas para o tratamento destas matérias.

Até ao presente, existem ainda na U.E. inúmeras infracções ao estabelecido por legislação própria provocando a degradação de imensas massas de águas fluviais. A razão principal é a de que as estações ETAR uma vez construídas com as especificações regulamentares, não funcionam em alguns locais por falta de orçamento, de conhecimentos sobre a própria funcionalidade da instalação ou dos custos energéticos associados à operação. No fim deste imenso e de algum modo ilegal e criminoso modo de vida, está o objectivo lucro, rapidez de "*turn-over*" e também ignorância e desprezo pelos Ecossistemas Naturais.

Em suma, uma imensa falta de instrução, formação e cultura exigível ao cidadão pode estar actuante nestas matérias em zonas privilegiadas do Planeta, incluindo alguns países da União Europeia. Os ritmos Naturais não são definitivamente compatíveis com o actual pensamento dominante do Ocidente, centrado na colonização e exploração sem limites dos Recursos Naturais, para benefício de um insignificante número de Humanos à escala planetária. Estes, constituídos em pequenos grupos nas mais gigantescas organizações, potentadas nas vastas riquezas a nível planetário vão-se servindo dos principais Recursos do Planeta a um ritmo sem precedentes devolvendo aos Ecossistemas o que não é útil, em quantidades proporcionais aos excessos produzidos.

A harmonia natural necessária e imprescindível à vida Humana não pode ser criada por entrepostos Regulamentos ou Decretos, mas antes deve advir principalmente de uma nova educação, noutro paradigma de vida que não seja o do egocentrismo sem limites. Como dizia Símias em resposta a Sócrates quando este o questionou sobre o que lhe causava incómodo e insatisfação: *"A harmonia dos sons de uma lira (instrumento de cordas usado na antiguidade) não advém da própria matéria da lira, mas sim de algo invisível, incorpóreo, de perfeitamente belo e divino que existe na lira"*. Também a harmonia na forma como as populações terão definitivamente que tratar a Natureza não pode advir só de Regulamentos, de Decretos, de imposições... mas sim de algo intangível e do qual a sustentabilidade da vida Humana não pode prescindir, isto é,... de uma educação baseada não apenas na **Informação** mas sim na **Compreensão da Vida**, que é uma forma hierárquica de Saber Superior em oposição ao conceito hoje tão propalado da Sociedade da Informação, e de que tanto os nossos governantes se vangloriam ter conquistado, como se a fórmula para a resolução dos nossos problemas tenha sido encontrada. Actualmente é visível uma certa evolução das Sociedades em alguns países da U. E. para a aquisição de cada vez mais informação em detrimento da cultura, isto é, da menor compreensão daquilo que se ouve ou se lê. **Sabe-se cada vez mais, compreendendo cada vez menos.**

A crise Alimentar
no actual Paradigma de Vida Ocidental

Nos países Ocidentais a crise Alimentar em geral não pode ser caracterizada quantitativamente, ou seja, não há falta de alimentos, mas deve ser reflectida com base na sua qualidade. A escassez de alimentos pode ser constatada apenas em algumas zonas de menores recursos. A verdadeira crise nesta Região do Planeta centra-se nos aspectos qualitativos para os quais as populações no seu geral vão estando, infelizmente, pouco informadas sobre estas matérias cuja relação causa-consequência se apresenta cada vez mais complexa. A informação que nos chega através dos media sobre alimentação humana, não passa em geral, de simples quadrícula informativa *"per si"*, muitas vezes impregnada de publicidade, não sendo suficiente para que as populações sejam alertadas **para a reflexividade necessária à compreensão dos fenómenos mais importantes**, isto é, os que se relacionam com a própria saúde e sustentabilidade de vida. O paradigma emergente e mais necessário à vida Humana é o **Paradigma dos Valores Sustentáveis** e não aquele que tem a **Economia** e o **Crescimento** como metas de prosperidade. As razões desta asserção são múltiplas e reportam a capítulos anteriores.

Os Sistemas Económicos Ocidentais da actualidade centram-se nas antigas filosofias e argumentos que vêm sendo usados desde os princípios do século passado, e com mais intensidade desde a 2ª Grande Guerra Mundial: Indivíduo, Organização Empresarial e País ou Região *versus* Sociedade Global.

As Sociedades Humanas quando são polarizadas em certa direcção e sentido, facilmente formam raciocínios em sentido contrário ao do seu próprio interesse na defesa da espécie. *É o exterior a governar as mentes no lugar da própria reflexão interior.* Poderia argumentar-se sobre as condutas certas ou erradas da Humanidade com base em concepções e filoso-fias políticas e sociais como o Capitalismo *versus* Socialismo no que concerne ao interesse do colectivo. Não é contudo este tipo de argumento que melhor nos ajudará a atingirmos a reflexão e o conhecimento de que necessitamos neste contexto. Com efeito, perguntamos a nós próprios se uma concepção materialista como a que estamos a viver actualmente se coaduna com as necessidades humanas. Se atentarmos nas filosofias pro-postas pelas duas correntes político-sociais, Capitalismo *versus* Socia-lismo, cedo somos confrontados com uma verdade: ambas as doutrinas são alicerçadas em valores materiais e por isso são inadequadas a uma filoso-fia de transformação para o século XXI, a **filosofia dos valores e da sus-tentabilidade humana**. Tal como a saúde representa um campo mais vasto do que a Medicina, também a aprendizagem e a compreensão dos fenómenos que nos afectam transcende a Educação. Assim, qualquer sis-tema económico fazendo parte de um campo bastante mais vasto – o campo dos valores, deverá ser concebido num contexto e numa interrela-ção que funcione de modo a preservar as mais legítimas aspirações Huma-nas. **Quaisquer que sejam as nossas prioridades, o crescimento pes-soal, a segurança, o estatuto, a competição, a cooperação, ou a aquisição de bens materiais, reflectem-se sempre no sistema econó-mico específico em que estamos inseridos**. Existe sempre um tipo de interacção biunívoca entre as aspirações humanas e o sistema económico que o "cerca". Quando as populações se tornam verdadeiramente educa-das e instruídas na base dos valores humanos, estes tornam-se intrínsecos e sendo interiorizados ditam as opções pelas suas autênticas necessidades e desejos em detrimento do que o "mundo exterior" lhes tenta impor. Com este estado de educação e de espírito, as populações "livram-se" de uma das maiores "*chagas*" do nosso tempo... a intensa propaganda do "*marke-ting*" comercial que nos tenta invadir, por todos os meios através sobre-tudo dos media. E, neste contexto, debatemo-nos no quotidiano com situa-ções de relação do tipo competitivo com base na procura e na oferta relacionado com os produtos alimentares, frequentemente resultando em elevados prejuízos para quem trabalha a terra e assim criando condições para a desertificação rural. As populações mais desprevenidas, que infe-lizmente constituem a grande maioria, adquirem diariamente produtos ali-mentares de muito duvidosa qualidade, sem um controlo institucional capaz, o que nos causa, no mínimo, grande apreensão e cepticismo quanto aos cuidados que são com legitimidade devidos às populações.

O funcionamento das Economias Ocidentais, no que concerne às relações comerciais entre produtor e distribuidor de produtos agrícolas é fortemente centrado no maior lucro possível como objectivo, actuando-se nas redes de distribuição de tal modo que para os agentes comerciais em geral pouco ou nada importa a qualidade *enquanto existir a procura*. Os factores concorrenciais, esses sim, são estudados em rigoroso detalhe. Em alguns países da U.E. o preço dos produtos no consumidor contém em si a retenção de 70% para o distribuidor e 30% para o produtor. Neste tipo de relação comercial não há estímulo à produção em qualidade por parte do produtor, sendo este afinal quem pode adicionar qualidade ao produto. Toda esta relação económica, estando profundamente errada, condena ao fracasso quaisquer Decretos Regulamentares que não atendam à eliminação deste tipo de relação comercial e que promovam em vez disso, o estabelecimento de limites à especulação. A força dos poderosos neste paradigma não só representa um injusto ónus para o consumidor como constitui um sério entrave ao desenvolvimento do pequeno e médio agricultor. Falamos de um processo de desenvolvimento e estímulo à agricultura interna no próprio país ou região, como aliás deve ser promovido.

O impacte da Nutrição na saúde Humana foi através da História reconhecido como a "primeira medicina". Sócrates na antiguidade terá afirmado *"Que o alimento seja o teu primeiro medicamento"*. Esta máxima sábia, objecto de reflexão durante séculos é hoje mais do que nunca actual e deve ser objecto de contínua reflexão não só nas populações em geral como nos gestores político-sociais nos seus mais elevados escalões. Infelizmente também estes, sendo Humanos, têm as suas deficiências na área perceptiva destes fenómenos, facto que a todos vai pesando na caminhada da vida. Perante a actual constatação epidemiológica de uma alimentação cada vez mais desequilibrada e com falta de qualidade, que advém sobretudo de um certo modo de estar na vida das populações, optando por quantidades *versus* qualidade nos alimentos, os agentes comerciais, com o consentimento das autoridades governamentais, vão fornecendo o que as populações mais procuram. *Dentro do paradigma reinante, qualquer análise factual deste fenómeno comercial a actuar na U.E., conclui com relativa simplicidade que os riscos inerentes para a saúde via cadeia alimentar são enormes se não forem devidamente controlados pelas Instituições competentes.*

Coloca-se a questão às Sociedades da Nutriprevenção onde a Medicina Científica e os profissionais Médicos devem ter um papel preponderante sobretudo na área da medicina preventiva. A preservação da qualidade dos alimentos no que concerne a macro e micronutrientes deverá constituir preocupação constante desde o produtor ao consumidor. É óbvio que em alguns países da U.E. não existe formação profissional mínima para que os agentes principais em número suficiente possam actuar nestas áreas. A vida quotidiana ensina-nos que por razões diversas, nem tudo vai bem neste sentido e que infelizmente as Sociedades em geral, na sua legítima procura dos alimentos de que necessitam em função das suas disponibilidades monetárias, são geralmente tentadas a adquirir o que menos lhes deveria interessar, isto é produtos alimentares de qualidade duvidosa. Para esta situação menos feliz das populações, está sempre pronta uma resposta de fornecimento com base lucrativa e sem escrúpulos por parte de alguns agentes de mercado.

Os meios de comunicação exercem hoje imensas pressões sobre a população consumidora, sem excepção para o consumo de alimentos. A alimentação e a segurança alimentar tornavam-se rios de enganos para os mais desprevenidos com pesadas perdas para a Saúde. As Entidades Reguladoras na área da Saúde Alimentar parecem disto não fazer uma prioridade suprema pondo cobro a certo tipo de publicidade a produtos de duvidosa qualidade. Existe de facto uma clara falta na definição de "qualidade alimentar" na U.E. Com frequência elevada as mensagens dirigidas ao público são intencionalmente simplificadoras dos inconvenientes dos produtos que anunciam. Assiste-se a uma "corrida" sem precedentes das populações às vitaminas e aos oligoelementos. A Medicina que conhece os problemas para a Saúde Humana relacionados com os excessos destas ingestões só em casos raros exerce sobre os media uma eficaz divulgação desta matéria. Nas últimas duas décadas intensificou-se a acção publicitária dos produtos alimentares incutindo nas populações hábitos que são tidos como parcialmente responsáveis pelo crescente aparecimento de novas doenças no corpo humano. Este é hoje um dos maiores desafios ao bom senso dos gestores políticos e sociais... o pôr cobro em definitivo à publicidade enganosa em todos os aspectos de afectação à vida Humana, com particular ênfase nos produtos alimentares. As mensagens publicitárias muito frequentemente divulgadas desenvolvem nas populações a ideia de manutenção do equilíbrio fisiológico a partir dos produtos alimentares anunciados sem uma análise prévia e com monitorização eficaz em contínuo por parte da Ciência Médica, pelo menos durante um tempo suficiente para que se possam tirar as respectivas ilações sobre causa-efeito. Estes factos constituem uma forma de violação e de desrespeito sem limites pelas populações. Explicações e instruções pseudo-científicas acompanham muitas vezes os anúncios publicitários sobre o perigo na ingestão de uns elementos em favor de outros. É o caso por exemplo das gorduras, sem distinguir e diferenciar entre gorduras boas e más. Outros exemplos podem ser citados como a questão da valorização do gosto e dos sabores dos alimentos, normalmente conseguida através de produtos químicos de inegável nocividade. A questão alimentar e a acção publicitária subjacente estão hoje num envolvimento massivo fortemente actuante nos países Ocidentais desde os menos desenvolvidos aos mais desenvolvidos. Muitos dos actuais problemas na Saúde Humana têm origem neste comportamento egocêntrico movido pelas grandes redes comerciais de imensa influência sobre as populações mais indefesas e erradamente informadas sobre a importância alimentar nas suas vidas.

Na actualidade, perante a ausência de Regulamentação correcta na monitorização e controlo da qualidade alimentar, não causa estranheza que se observe um cada vez mais exuberante crescimento dos meios de distribuição de complementos nutricionais. Este é hoje um mercado altamente rentável que favorece até a venda por correspondência (!). Pode imaginar-se o potencial de crime envolvido neste processo. (*O consumidor que por condição da sua própria saúde, não está minimamente receptivo à ingestão deste produto, perante pressões exteriores publicitárias poderá não resistir à sua aquisição*). O abuso no consumo de certos nutrientes com ausência de controlo de qualidade, pode tornar os produtos ditos "saudáveis" num verdadeiro inferno para o consumidor. O sistema médico e os poderes públicos no que envolve as Direcções Gerais de Saúde, Direcções Gerais de Consumo, das Concorrências e Repressão às Fraudes, deverão actuar eficazmente dando a este assunto "o topo das prioridades". Joga-se neste amplo sector, isto é da Alimentação e da Saúde Pública, as maiores perdas quer do ponto de vista das vidas Humanas quer nos encargos estatais no tratamento da doença. A questão da Alimentação Humana nos países Ocidentais, como referência, está hoje geralmente entregue a concorrências geralmente desleais, pela natureza do paradigma em que estão inseridos, desde o médio-grande produtor que usa todos os processos com base num único objectivo – o económico, até aos circuitos de distribuição e seus poderosos "*back-up*" publicitários que, em conjunto, chegam a absorver cerca de 70% do valor pago pelo consumidor. Este injusto e malévolo sistema global da relação produção/distribuição/controlo alimentar, torna-se sobretudo desmotivante para o pequeno/médio produtor o qual, em contrapartida do seu trabalho é coagido a defender-se economicamente colocando nos mercados abastecedores também produtos desenvolvidos em acelerada, e portanto degradada formação. Este é sem dúvida um sinal, quiçá o mais evidente de todos, de que, neste paradigma de vida se caminha para o caos e a tragédia. Outros modos de estar na vida terão de se impor num futuro próximo para que o Ser Humano continue na sua caminhada com a saúde e a dignidade para que foi concebido.

A poluição invisível e as medidas de progresso Humano

– Campos de origem Electromagnética
que afectam a Saúde Humana

De entre as mais honoradas facetas de progresso no conhecimento Humano constatam-se, na actualidade, as áreas da Electrotecnia, da Química, da Biologia e da Medicina. Particularmente nas Telecomunicações, na Informática, e nas aplicações da electricidade em geral, encontrou o Homem por todo o lado do Planeta, uma forma de fácil contacto, de processar quantidades de informação antes inimagináveis transformando-as em *"data"*, manipulando simultaneamente quantidades de dados, que de outro modo seria impensável fazê-lo nos dias de hoje. Enquanto que nas aplicações dos **sistemas e sinais** as radiações electromagnéticas nos vão cercando de um modo cada vez mais intenso e diversificado em termos de frequências associadas a impulsos múltiplos, nas aplicações da Electrotecnia em muito baixa frequência (50 Hz), o impacte ambiental resultante do uso desta forma de energia não é infelizmente nulo. A questão é a de que, no contexto que falamos, não existem energias limpas. Os Princípios da Termodinâmica são suficientemente esclarecedores. Só uma parte da Energia consumida é transformada no trabalho útil que desejamos. A outra parte, que em várias aplicações constitui a maior fracção, é dissipada no ambiente exterior, aumentando o valor Entrópico no Planeta. A isto vulgarmente apelidamos de *Poluição*. Vimos em capítulos anteriores que enquanto se consome Energia Eléctrica, aparentemente limpa nos locais de trabalho, nos usos domésticos ou comerciais, as Centrais Produtoras de Potência Eléctrica, principalmente as movidas a carvão, gás natural ou fuelóleo, produzem grandes quantidades de gases poluentes emitindo-os para a atmosfera. Este tipo de poluição é entretanto visível e pode ser sentida pelas populações nas suas formas mais diversas. Existe no entanto um outro tipo de poluição de *génese Electromagnética* mais intangível cujos efeitos nocivos para a saúde Humana são mais difíceis de determinar não obstante a pertinência na actualidade, isto é, a *poluição Electromagnética,* talvez a forma poluente menos conhecida das populações em geral.

O que é a poluição Electromagnética?

A existência confirmada dos Campos Magnéticos Terrestres remonta aos primórdios da História da Humanidade. Com a evolução dos tempos e de forma mais acelerada no paradigma Homem-Máquina, com as descobertas científicas no campo do Electromagnetismo, dando origem às grandes e surpreendentes aplicações da electricidade que se desenvolveram desde os princípios do século passado, com ênfase particular na lâmpada de iluminação eléctrica, no gerador e motor eléctrico para a tracção eléctrica e aos mais diversos meios de transporte. A Humanidade tornou generalizada a aplicação da potência eléctrica aos mais elementares meios de substituição do esforço braçal. Esta é a mais relevante conquista, paralelamente à máquina a vapor e mais tarde aos motores de combustão interna, de que a Humanidade se orgulha como espécie capaz da invenção, da criação e do progresso. Os tempos, as tentações e a sagacidade do Homem evoluíram e com isso também a electrificação de quase tudo o que pode ser electrificado: os utensílios domésticos, os meios de locomoção, os meios de comunicação, a informatização global de todas as interactividades Humanas. Quase tudo o que pôde substituir o esforço físico braçal por mais elementar, foi electrificado e automatizado tendo sempre como referência Cibernética o funcionamento dos sistemas constituintes do corpo Humano. Usando esta referência o poder inventivo do Homem pode, em todas as aplicações da automação, experimentar em si mesmo os possíveis resultados, conduzindo a avanços mais rápidos na concretização das mesmas. O Homem sempre foi conduzindo as suas investigações na senda do esforço mínimo para o conforto máximo. Este é ainda o nosso paradigma de vida que aliás "herdámos" de um passado de três séculos e que por razões que actualmente nos parecem imperativas (crescimento populacional no Planeta), as concebemos como única opção de vida.

A partir do último quarto de século passado as populações começaram a indicar algumas preocupações com os limites da electrificação, constatando que, também nesta área, existem limites de crescimento para as Economias e Industrialização dos países. Nem sempre estes limites têm a ver apenas com a poluição atmosférica subjacente, com a adequação dos solos e das águas ou mesmo com factores económicos relevantes como os investimentos a realizar e as consequências de impacte no ambiente físico global. As razões adicionais são de outra índole e têm a ver com a *Poluição Electromagnética,* assunto hoje relativamente pouco conhecido das populações pelo menos quanto às suas mais caracterizantes implicações na saúde e bem-estar. Existe hoje de facto um "quase plasma", de fraca intensidade é certo, de radiações de alta, média e baixa frequência que submergem os corpos humanos podendo trazer-lhes, no mínimo, algum desconforto, até um máximo impacte de graves doenças. Em adição aos campos magnéticos naturais, que sempre existiram na história do Planeta, as Sociedades mais Industrializadas estão submersas num outro "oceano" de origem electromagnética, devido a massiva electrificação. As radiações emanadas de todos os circuitos eléctricos aplicados em equipamentos de produção e distribuição de energia eléctrica e de utilização em todas as aplicações modernas da electricidade estão a ser investigadas em alguns países sob suspeita de causa de doenças mais ou menos graves. **Todo o circuito eléctrico de alta, média ou baixa frequência produz à sua volta um campo de linhas magnéticas cuja intensidade é directamente proporcional à intensidade da corrente eléctrica na linha e inversamente proporcional à distância dessa linha ao ponto do espaço que for considerado**. Poderá esta relação representar-se pela equação matemática nos seguintes termos:

$B = (\mu) \dfrac{I}{x}$, em que B (Tesla) representa a intensidade das linhas magnéticas envolventes do condutor e actuantes no ponto considerado á distância x na perpendicular ao condutor, μ representa um valor constante para cada meio envolvente do condutor (no caso de uma linha aérea) $\mu_0(*)$ representa o meio ar, I representa a intensidade de corrente em Ampere na linha.

Os campos electromagnéticos assim produzidos polarizam e atraem facilmente os corpos, sem excepção para o corpo humano, e assim sendo,

---

(*) $\mu_0 = 4\pi \times 10^{-7}\left(\dfrac{T.m}{A}\right)$

exercem óbvio impacte neste, designadamente no sistema nervoso e circulatório. Com efeito, os Campos de origem Electromagnética, penetrando o Corpo Humano a frequências diversas desde as rádio frequências às baixas e muito baixas frequências das linhas de transporte e distribuição (50 Hz), tendem a induzir neste alguma polarização das veias, artérias e tecidos em geral, afectando o funcionamento do organismo de forma mais ou menos acentuada consoante as intensidades do campo e com impacte na saúde mais ou menos nocivo em função 1) *da grandeza desses Campos no local considerado* e 2) *do tempo de exposição do corpo humano a esse mesmo fenómeno.*

Tem-se assistido nas últimas duas décadas a um interesse especialmente dedicado a este assunto por parte da Organização Mundial de Saúde (OMS), o que nos leva à confirmação de que este tipo de poluição é vulnerável e eminentemente prejudicial à Saúde Humana. Nos EUA e Canadá estas matérias de correlação Campos Electromagnéticos (CEM) – Saúde foram apresentadas pela primeira vez em 1977 tendo desde essa data este assunto sido investigado com crescente acuidade não só nos EUA e Canadá como em toda a Europa socialmente evoluída, com particular incidência na Alemanha e na Suécia. Divergências quanto à Intensidade das linhas de Campo capazes de criar diversos tipos de doença e também quanto ao tempo de exposição máximo para que as anomalias sejam visíveis no corpo humano existem, contudo, verifica-se **convergência num ponto**: *este assunto é do maior interesse para ser investigado com suficiente acuidade para que se estabeleçam Normas e Regulamentos para divulgação pública de modo a prevenir algumas doenças nas populações indefesas.*

Neste sentido, os EUA, Canadá, a UE e alguns outros países individualizados como a Rússia, que se tem distinguido nesta investigação desde os tempos da antiga URSS, têm emitido algumas Normas conducentes aos cuidados mínimos na prevenção de doenças originadas pelos CEM (Campos Electromagnéticos). Tem-se tornado evidente a utilidade de algumas pistas para mais intensiva investigação sobre os eventuais impactes na saúde com origem nos CEM, particularmente nas doenças da **leucemia** e **cancro cerebral**. Actualmente, não existe contudo, prova suficiente para se estabelecer uma relação causa-efeito com segurança satisfatória, esperando-se que dentro de poucos anos este assunto esteja clarificado o suficiente para bem da saúde humana. No entanto, há prova estatisticamente confirmada do desconforto causado às populações expostas durante mais de 1 hora a CEM superiores a 10 mG (dez miligauss). Estas sentem normalmente enxaquecas, dores de cabeça e várias irritações do fórum psicossomático.

Enquanto prosseguem globalmente os estudos no sentido de se poderem regulamentar os cuidados dos cidadãos para com os CEM, a Academia Nacional da Ciência Americana (US National Science Academy) em poder de cerca de 600 estudos sobre estas matérias declara não haver ainda evidência causa-efeito para decretar *drásticas* medidas de precaução ambiental em relação aos CEM.

É evidente que, sendo este mais um aspecto de impacte ambiental resultante do crescimento Industrial acelerado, embora de consequências ainda em consideração, os efeitos sobre o corpo humano somam-se a uma panóplia de outros impactes sobre a saúde das populações já de comprovadas consequências. Não se afigura uma capacidade de resposta fácil do corpo humano por parte do sistema imunitário a tamanhas e tão diversificadas agressões oriundas de um crescendo Entrópico de natureza antropogénica no Planeta.

História e Modernidade – Pensamentos Filosóficos sobre o Caos e a Sustentabilidade na Vida Humana

Na evolução das socidades Ocidentais e nas suas relações mais profundas com a Natureza, a Vida Humana tem sido apresentada, no fundamental, por duas correntes de pensamento filosófico reflectindo sobre si mesmas e sobre as suas origens – *"A Master Natura"*. Para os Gregos da Antiguidade, a evolução Histórica da vida das pessoas representava um processo de degradação contínua, de passagem de **um estado**, só mais tarde apelidado de ***Baixa Entropia***, para outro continuamente degradado a que hoje chamamos de **estado de** *Alta Entropia*. Na Antiguidade as Leis da Termodinâmica não eram conhecidas pelas suas leis físicas e postulados tal como o são hoje. Eram no entanto todos os fenómenos respectivos já sentidos de uma forma intuitiva nas suas manifestações naturais.

A mitologia Grega aponta a História da Humanidade e sua evolução como algo em permanente degradação tal que, em cada *Era temporal* subsequente, era progressivamente sentida uma cada vez maior degradação nas condições do habitat humano. Estas fases temporais eram distinguidas por Idades ... Idade do **Ouro**, da **Prata**, do **Bronze** e do **Ferro**. Para os Gregos o período temporal que apelidaram de Idade do Ouro foi o período em que o Homem viveu na sua melhor harmonia com a "Mãe-Natureza". Com a Era Medieval, mercê de necessidades Humanas impostas pela crescente natalidade e consequentes fenómenos migratórios para os grandes centros da época, a evolução Entrópica foi tomando cada vez mais o seu ritmo o qual fora já entretanto previsto pelo pensamento reinante nos Gregos da Antiguidade, isto é, o da degradação ambiental progressiva. Este era um fenómeno esperado, inevitável e decorrente da própria evolução da espécie.

Durante os séculos de transformação da Antiguidade à Era Medieval aceitou-se que alguma degradação com a evolução da vida Humana seria compensada e regenerada pela própria Natureza, através das suas **forças**

cíclicas. Estas forças naturais seriam o garante estabilizador e garante de continuidade da espécie no Planeta. A História da Antiguidade Grega ensinou-nos a pensar que a Natureza, sendo a origem de tudo o que a Humanidade possui, é limitada no que concerne a continuidade da manutenção das espécies. Segundo o pensamento Grego existia em toda a evolução da espécie Humana o potencial de renovação e a semente da degradação e destruição à medida que a vida Humana percorria a sua caminhada através dos tempos.

A Filosofia Grega da Antiguidade foi contudo mais longe, traçando linhas de conduta Humana para a "eternidade do Planeta". Platão e Aristóteles acreditavam que neste sentido, a mais segura concepção de vida era a que menos transformação permitisse, isto é, a que conseguisse continuidade de vida Humana sem crescimento social do ponto de vista material. Crescimento por si, na perspectiva de Platão e Aristóteles nada acrescentava à ordem no Planeta e assim sendo não era desejável por não cumprir a meta mais sagrada da Humanidade... a **ordem Social e Ambiental**. A filosofia de vida dos Gregos da Antiguidade associava crescimento e evolução à degradação e ao caos no habitat humano. Neste sentido, este pensamento pautava-se quanto ao sentido da vida, num grande esforço para legar às gerações futuras um Planeta não degradado.

A filosofia dos Gregos da Antiguidade, indubitavelmente extremada aos olhos das populações em pleno século XXI, trouxe consigo a semente de uma cultura de respeito para com a Natureza. É desta mesma cultura que as Sociedades Ocidentais, por mais paradoxal que pareça, face ao que hoje é comunicado às Sociedades, se estão afastando cada vez mais. Ao ritmo e modo como se vive actualmente, a antiga teoria Grega volta a estar em sintonia com a realidade. Com a evolução dos tempos o caos ecológico aproximou-se de nós a tal ponto que, o efeito "*bola de neve*" tornando alguns fenómenos degradantes irreversíveis, pode trazer-nos os maiores dissabores num futuro que se prevê relativamente próximo. Da Antiguidade Grega para a era Medieval, Renascença e chegando aos nossos dias, o conceito filosófico de vida centrado no paradigma Homem-Máquina, fez mudar radicalmente o pensamento do Homem Ocidental sobre si mesmo, sobre os seus objectivos e daí a manifestação das suas atitudes sobre os outros seres Humanos. A Natureza é hoje, de um modo geral, para o cidadão comum, isto é aquele que está mais dedicado à luta quotidiana pela sobrevivência, não mais do que um certo tipo de colonato donde há que extrair o mais possível dando em retorno o que se pode. E quem são os responsáveis por tal atitude à escala global? Todos nós. Com a passagem da Era Renascentista apareceram novas filosofias de vida protagonizadas por destacados filósofos e cientistas à época como David Bacon, René Descartes, Isaac Newton e Jacques Turgot. Este, professor da Universidade de Sarbone, veio em 1750 dar "luz" às teorias protagonizadas por Newton e seus mais acérrimos apoiantes e coadjuvantes, assinalando o início de uma época marcada pelo **paradigma Newtoniano, Homem-Máquina**, que ainda hoje acompanha as nossas vidas no mundo Ocidental. Às teorias e filosofia de vida do Cristianismo que dominaram o pensamento na Europa Ocidental na Idade Média e que concebia a vida Humana no Planeta como algo transitório e de passagem para uma outra existência divina, abandonando assim as teorias do sentido cíclico Natural da vida protagonizado anteriormente pelos Gregos, contrapunha-se agora, em inícios do século XVIII, um paradigma de vida centrado na **Máquina** e na **Evolução Natural do Planeta**, necessariamente fomentada pela **Ciência e pela Técnica**, "doutrina" seguidamente acelerada com a **modernização Tecnológica**, tudo num contexto de simplificação do trabalho Humano, que acelerou a produção de bens e o crescimento económico e social. Neste novo paradigma o conceito de caos, como consequência do crescimento, não mais existiu ... este passou a ser o *pensamento do passado sem qualquer racionalidade face às exigências reais do presente e futuro.* Estas posições foram vincadamente inculcadas no pensamento Ocidental desde então, conduzindo-nos às mais espectaculares taxas de crescimento Industrial, Económico e Social e do consequente aumento da natalidade na História da Humanidade. A substituição do trabalho físico Humano pela Máquina foi de facto um fenómeno bem visível nos nossos dias, ao ponto de o nosso próprio vocabulário, quotidianamente usado no Ocidente, ser adaptado e ajustado à Máquina. A mecanização da vida Humana Ocidental passou a fazer parte integrante e inseparável das nossas vidas. Exemplos deste facto levar-nos-iam dias a descrever. A questão de fundo não será a de se saber se podemos caminhar sem limites neste modo de vida, mas sim a de se saber se devemos fazê-lo ignorando as consequências desta filosofia de vida caracterizadamente Ocidental.

"Como que se o cristão perguntasse ao seu tutor quantos pecados se podiam cometer e ainda se garantir o caminho dos céus... a resposta não tardará... depende da dimensão do pecado".

J. Turgot, em 1750 em apoio ao paradigma Newtoniano difundia a ideia de que o progresso social se desenvolvia numa relação mais ou menos linear no tempo, acumulando saberes anteriores para acrescentar no futuro os progressos desejados, contudo rejeitando sempre quaisquer fenómenos cíclicos como defendiam os Gregos da Antiguidade ou os Cristãos Medievais. O progresso social e económico passou a dominar o objectivo principal das Sociedades Ocidentais como resultado do paradigma Homem-Máquina entrando-se assim numa Era apelidada de *Idade da Máquina*. E num incessante trabalho de extracção dos Recursos Naturais, o que mais interessou a este tipo de progresso Social ... o progresso Social moderno, foi o de o Homem ter como objectivo final, através da perfeição da Máquina Tecnológica, **a simplificação do trabalho Humano, com rendimento económico máximo**, a expensas da delapidação dos Recursos Naturais, sem contudo disso possuir a verdadeira percepção das dimensões da sua acção. E assim foi corrigindo alguns erros, fazendo ajustamentos necessários, inventando soluções parciais para o que mais o afecta no presente ... interesses pessoais, o grupo social a que pertence, o País ou a Região. O Homem assim se vai tornando, muitas vezes num manifesto inconscientemente atroz, vilão da Natureza. Gestores Políticos propõem leis, Assembleias de Representantes discutem-nas e aprovam-nas, sempre concentrando os assuntos que mais interessam ao presente ou ao futuro próximo. O ser Humano no seu todo é em princípio conservador e egoísta, rejeitando planos a longo termo, mesmo quando está em causa a sustentabilidade da sua própria vida. "É assim a vida", como dizem alguns políticos, confirmando assim a regra do pensamento Humano de que as lutas por mais pacíficas que sejam, são sempre dolorosas e frequentemente atingem a sensibilidade do grupo, tendo como consequência o abalo do poder. *"Aceitar consensos por mais que nos pareçam sem futuro é o caminho a seguir"*.

A parte mais teatral da vida também nos ensina que em cada Região ou País o número daqueles que poderiam fazer algo para que muitos aspectos da vida das populações mudasse não o fazem por desconhecimento ou ausência de *know-how*, e também outros há que, dizendo-se conhecedores e equipados com o necessário *know-how*, simulam tudo fazer embora as atitudes indiquem a não coerência com as afirmações. Mais frequentemente do que o desejável, as populações mais indefesas ficam sem o benefício do possível. *As Leis Económicas mais fundamentais são claras: Quando as Leis Naturais são respeitadas e cumpridas na sua interrelação com os Humanos, as Economias crescem de modo a garantir às Sociedades bens materiais com o respeito pela saúde e bem-*

Homem – Máquina – Paradigma da Vida Moderna 181

-estar humano. Quando, pelo contrário os Recursos Naturais são tidos como garantidos e relegados a segundo plano, a Economia dos Países ou Regiões pode ainda crescer, contudo sem sustentabilidade, instalando-se nestas Sociedades a Alta Entropia e a consequente precariedade. Nos princípios do século XVIII as doutrinas económicas de apoio ao paradigma Newtoniano apontavam para uma educação dos públicos que serviam, no sentido de aceitarem as **Leis Económicas** como sendo "Leis Naturais" do desenvolvimento e portanto auto-reguladoras do progresso. Automaticamente estas leis alocavam o capital, criavam postos de trabalho, produziam os bens necessários, e por isso, não se poderiam, em caso algum questionar. As populações eram assim "conduzidas" à aceitação das regras actuais como as únicas capazes de resolver os problemas sociais e económicos que então se colocavam às Sociedades. Esta endoutrinação foi seguida durante mais de um século, começando a ser contestada nalgumas Regiões Ocidentais, com mais veemência e intensidade só a partir do início do século XX. Adam Smith, sendo um reconhecido economista da época, coadjuvado nas suas interpretações sociais pelo sociólogo John Locke, foi reconhecedor de algumas "verdades" à época. Smith, baseando--se na característica vincadamente humana centrada no egoísmo, propôs às Sociedades Ocidentais um sistema irrefutavelmente de interesse material, justificando que o crescimento económico era capaz da criação de trabalhos para a satisfação e benefício de todos. Certamente que estes princípios seriam proclamados à época, só que a imprevisibilidade da multiplicação no uso dos Recursos Naturais com o exacerbo da qualidade egoísta dos Homens, fez desta análise de Smith o princípio de uma das maiores interrogações do século XXI, isto é, até quando ignorar os limites para o crescimento económico e social? Por mais surpreendente que nos possa parecer, 300 anos depois, o paradigma económico da vida Ocidental tem muito de Smith, não obstante os fenómenos se tivessem acelerado a ritmos irreconhecíveis desde então.

A Sociedade de Alta Entropia e a Pobreza –

– da exuberância da riqueza à crescente pobreza

A escalada em alta dos preços dos combustíveis nos últimos anos é consequência da procura em crescendo contínuo de um bem Natural, o qual é extraído em condições cada vez mais difíceis e onerosas. Esta relação natural causa-efeito explica *"per si"* a razão pela qual as populações só poderão esperar pagar cada vez mais pela Energia que consomem de génese não-Renovável. Qualquer que seja o tipo de Energia, Eléctrica ou na base dos combustíveis sólidos, líquidos ou gasosos, em cada ano que passa, não poderão existir quaisquer dúvidas nas populações sobre a elevação dos preços deste bem natural, a menos que a demanda seja drasticamente reduzida. Os consumos energéticos acompanham todos os movimentos do quotidiano das pessoas de forma directa ou indirecta, isto é, quer nos usos utilitários, para o conforto doméstico e nos transportes, quer indirectamente nos consumos do vestuário, da alimentação, ou na aquisição da generalidade dos utensílios que as acompanham no seu dia-a-dia. Os custos energéticos pesarão cada vez mais nos orçamentos familiares, prevendo-se, que dentro de duas décadas o impacte económico resultante dos preços dos combustíveis seja um dos mais difíceis de gerir nos países da Comunidade Europeia. Tomando Portugal como exemplo, por cada aumento médio de **um US dólar por barril de crude na origem, o acréscimo dos desembolsos ao exterior efectuados por este país rondam os 100 milhões de US dólar/ano**. Se o *Índice de Elasticidade* (Δ Consumo Energético/Δ PIB) continuar surpreendentemente em crescendo como os dados estatísticos indicam para os últimos anos, o impacte da subida do crude, por efeitos multiplicativos passará a pesar ainda mais nas populações em geral, as quais já vivem na sua vasta maioria em condições economicamente debilitadas ou relativamente empobrecidas. Por sua vez, a pobreza em si, seja em termos absolutos ou relativos é sempre um motivo para o crescendo da Entropia, não só no ambiente físico em geral, **mas também em termos sociais**(*)'.

As batalhas sociais entre as **classes mais poderosas economicamente** e portanto mais consumidoras de bens, incluindo a energia, e as classes mais pobres **sem poder económico** são um fenómeno em crescendo e profundamente alicerçado na atitude de esbanjamento de uns *versus* a deficiência em bens essenciais de outros. Os mais ricos consumindo frequentemente de forma sumptuosa, provocam a subida de preços em geral, à qual os mais pobres não terão capacidade de resposta para adquirir o que mais lhes interessa … os bens essenciais. Esta atitude é manifesta nos veículos de transporte em que às sumptuosas potências elevadas das viaturas, se contrapõem as dificuldades das classes menos capacitadas economicamente na obtenção da viatura essencial. A Energia representa um bem com impacte directo nas condições de vida das populações e este bem está actualmente a ser usado em proporções muito acima do que é possível, qualquer que seja o "prisma" pelo qual se observe este fenómeno. **Ao impacte Económico resultante dos consumos energéticos, injustamente desigual nas populações (os pobres menos consumidores pagam mais, ano após ano, devido aos usos superiores *per capita* dos economicamente mais ricos e maiores consumidores) junta-se o impacte ambiental, isto é, a maiores consumos energéticos impostos pela classe dos maiores consumidores correspondem maior emissões poluentes gasosas, sólidas e líquidas, onde todos, sem excepção de condições económicas, são no presente e com maior incidência num futuro próximo, chamados a pagar para o tratamento Ecológico daí resultante.** Nesta realidade dos factos os mais pobres são os principais perdedores nesta corrida sem precedentes aos Recursos Naturais que a todos pertencem. Não obstante a História Humana tenha ditado as pertenças de propriedade como as conhecemos hoje e sobre as quais as populações pouco ou nada poderão fazer no presente ou no futuro, a verdade é que estas implicações existem como semente de um futuro cada vez menos sustentável. Quando os Indivíduos ou as Instituições enveredam pela acelerada captura de Recursos Naturais para proveitos próprios, a riqueza a nível planetário decresce levando eventualmente à pobreza e em

---

(*)' – O termo Entropia pode ser também aplicado em termos sociais.

muitos casos à miséria Humana das Regiões menos contempladas. A História da Humanidade tem mostrado que quando e sempre que a riqueza aparece concentrada em grupos sociais restritos, o restante social sofre privações de bens essenciais à sua sobrevivência, tornando-se estas sociedades, de um modo global, num crescendo contínuo de empobrecimento aumentando a Entropia Social a ponto de originar os fenómenos sociais mais degradantes de que, infelizmente, a nossa actualidade é testemunha. A origem mais relevante e eminente do fenómeno Guerra, no momento, é principalmente, a luta Humana pelos Recursos Naturais.

Sem um paradigma de vida com algum critério de racionalidade na distribuição da riqueza construída a partir do uso dos Recursos Naturais, pesem embora os meios de transformação intervenientes, em que pobres e muito pobres não usufruam, através do seu trabalho, de parte dessa riqueza e ainda paguem as consequências do desperdício, da luxúria e da extra-vagância dos mais ricos, não haverá qualquer esperança de felicidade Humana, económica, social ou outra no Planeta. As populações devem equipar-se com a Educação fundamental para entender o fenómeno da Economia na Pós-Modernidade, isto é, o fenómeno do "marketing", da conversa por vezes vazia, da arquitectura da palavra sem substância nem consistência. As classes sociais mais favorecidas e portanto "elevadas" apresentam-se ao "mundo", frequentemente, como Ecologistas e portanto defensoras da baixa Entropia Energética ou até como "juízes" defensores dos mais pobres. As condutas e os estilos de vida destas pessoas muitas vezes não correspondem ao que anunciam: possuem casas luxuosas e faustosamente consumidoras, viaturas automóvel de altas e muito altas cilindradas, usam os Recursos Naturais frequentemente num critério de abundância e no maior vazio de racionalidade. Estas pessoas não contribuem em aspecto algum para a resolução de quaisquer questões sociais, pelo contrário ajudam à degradação ambiental e social, no mais injusto paradigma, isto é, o *de muitos milhões de pobres a pagar as consequências da luxúria a escassos milhares de ricos.*

A injustiça social em que globalmente vivemos é tanto mais manifesta quanto nos apercebemos da relação Homem-Recursos Naturais no que implica poder, posse, ciência tecnológica, distribuição, consumo e consumidor.

Actualmente as principais vítimas da degradação ambiental em termos planetários são as sociedades mais pobres do hemisfério Sul. A tragédia ambiental que por todo o lado do Planeta está conotada com a antropogenia do Homem Ocidental incide, infelizmente com maior intensidade nas populações do chamado terceiro mundo, isto é, nas populações mais pobres do Planeta.

Estes países, muitos deles dominados pelas classes sociais favorecidas que, não entendendo ou não se interessando o suficiente pelas mudanças necessárias de paradigma de vida devido às suas condições de abastança, são responsáveis pelos maiores desequilíbrios sociais a nível planetário. Nestes países verifica-se por vezes a tendência para a imitação do Ocidente industrializado, lançando-se nas tecnologias de ponta, quando a sua verdadeira vocação e necessidade chama, em primeiro lugar, para a modernização das Pescas, da Agricultura e da Pecuária. A chamada "Revolução Verde" nestas partes do Planeta seria a atitude mais acertada para a sustentabilidade de vida destas Sociedades, podendo vir mesmo a servir, de alguma forma, e num futuro próximo, de modelo aos países Ocidentais. Alguns países Asiáticos poderão emergir com atitude de sucesso para a sustentabilidade Humana nas próximas décadas. Espera-se que as crises provocadas pelo "Capitalismo Selvagem" sejam ultrapassadas e que as regras de eficácia aplicadas na sustentabilidade de vida Humana sejam cada vez mais impostas nestas Regiões, não só aplicáveis às Pescas e à Agricultura como também nas Indústrias afins, onde o capitalismo mais despudorado continua a usar estas regiões para produzir bens que pouco ou nada servem os autóctones, contribuindo assim com parcas mais-valias para estas populações. Servindo-se da mão-de-obra a custo irrisório e, acima de tudo, poluindo sem escrúpulos nem contemplações, criam assim uma ilusória felicidade de emprego a salários inimagináveis. Esta forma de actuação também não tardou em justificar-se perante tal atitude: "*Sem nós, com os nossos salários embora magros, estas populações estariam seriamente ameaçadas à fome!*". Se esta foi a causa, isto é, a da salvação das "almas" Humanas, então por que se não modernizaram e desenvolveram as Pescas, a Agricultura e a Pecuária nestes próprios países e se foi para a instalação de Indústrias muitas vezes alheias às necessidades locais?

As Multinacionais que se implantam nos países do apelidado terceiro mundo, fazem-no geralmente pela razão da competitividade e do lucro associado, sob o signo "baixo custo – baixo preço". Dentro de um paradigma Ocidental esta atitude é normal e aceite. O que não é normal e até inaceitável num novo paradigma de vida é o facto de estas Empresas produzirem nestes locais com custos irrisórios na reparação dos danos Ambientais e dos Ecossistemas que são entretanto afectados pelas Instalações Produtivas. Em alguns destes países existem Normas até rígidas, numa tentativa de mostrar ao "mundo" que tudo está sob controlo eficaz. Todavia, a atitude dos Governos locais em impor-se fazendo cumprir estas Normas, por razões muito diversas, não é eficaz como tentam fazer crer, na maioria dos casos. Infelizmente, nem só nestes países se verifica esta atitude. Dentro da Comunidade Europeia, em algumas Regiões menos industrializadas, existe atitude semelhante, sobretudo dentro de um quadro organizativo superior, mais nas Empresas Nacionais do que em grandes grupos ou Empresas Internacionais a operar nesses países, cujas Normas Ambientais em geral, são cumpridas.

Em alguns países do hemisfério Sul, do chamado terceiro mundo, a massiva acumulação de pessoas nos centros urbanos que está estritamente ligada à maior oferta de trabalhos nas Indústrias, tem consequências Ambientais desastrosas nestas zonas. A poluição do ar e das águas e a contaminação dos solos são factores responsáveis pelas mais desastrosas doenças e pela pobreza que se constata em muitos destes países. Por outro lado nas zonas rurais destas regiões, sobretudo nas planícies, onde se atingem densidades populacionais de 700 a 1200 habitantes por quilómetro quadrado, os solos são sujeitos a excessiva exploração acabando por ceder nos índices de fertilidade para os quais teriam potencial. Na verdade, em alguns dos países mais pobres do hemisfério Sul, não existe paralelismo entre o crescimento populacional e o crescimento económico. Nestes países, infelizmente, ainda não se poderá falar de desenvolvimento económico, mas apenas de crescimento para fazer face às principais necessidades humanas. E entre estas as alimentares!

A ajuda proclamada do Ocidente a estes países teria um infinitamente maior impacte benéfico nestas populações, se fosse virada para a modernização e para um verdadeiro desenvolvimento dos processos agrícolas. As ajudas em alimentos produzidos no exterior ou criando trabalhos nas Indústrias com aproveitamento de mão-de-obra a preços irrisórios, desviando em larga escala estas populações da Agricultura e Pecuária onde estão geralmente centrados todos os seus talentos e conhecimentos, não só causam sérios problemas sociais de submissão e subdesenvolvimento humano com consequências na forma de vida destas populações, como dão origem às crescentes formas de revolta cultural e social que todo o Planeta presencia na actualidade.

Ao analisarmos o impacte resultante do crescimento das populações sobre os Recursos Energéticos não Renováveis e consequentemente sobre o Ambiente físico, concluímos paradoxalmente que os impactes mais eminentemente desastrosos para a sustentabilidade Humana se fazem sentir em proporções idênticas nos dois Hemisférios, não obstante as diferenças de industrialização nas duas partes do Planeta. Por exemplo, a Energia consumida por habitante nos EUA é superior a 20 vezes à consumida por habitante nos países do Terceiro Mundo, sendo a maior parte desta Energia oriunda dos países do hemisfério Sul. A uma taxa de crescimento populacional comparativamente muito inferior nos países do Norte contrapõem um consumo energético *"per capita"* muito superior de tal modo que, é ainda na zona Ocidental do Planeta onde os maiores consumos energéticos não Renováveis mais se fazem sentir no Ambiente físico. As técnicas e tecnologias hoje em grande actividade para a resolução das consequências negativas nos Ecossistemas resultam num efeito de afectação negativa equilibrada nos dois hemisférios, isto é, uma actual situação em que o "mal" é equitativamente repartido. Poderá dizer-se que no paradigma de vida actualmente adoptado, na generalidade dos países Ocidentais, os factores Energia e Ambiente têm tido o papel mais preponderante na crescente desigualdade entre os países ricos do Norte e os pobres do Sul. Enquanto as populações em geral dos países produtores de petróleo vivem pobres sem o mínimo de energia para as suas actividades mais vitais, nos países ricos Ocidentais o desperdício energético é tido como uma consequência normal do "desenvolvimento" económico. Esta situação é na actualidade de extrema complexidade. Se por um lado há limites para o crescimento, o Ocidente parece não querer aceitar, por outro, que os limites de pobreza, abaixo dos quais se criam situações de infra-Humanidade que o ser Humano não pode admitir.

É necessário abrir "alas" Sociais e Económicas, com efectiva Solidariedade para que seja possível um justo equilíbrio na distribuição da riqueza planetária com um único objectivo – o aumento da prosperidade sustentável como garantia da habitabilidade futura. Não é socialmente justo e portanto não é humanamente aceitável que os Recursos Naturais não-Renováveis sejam oriundos, nas suas mais vastas quantidades de países de que tudo necessitam, travando lutas diárias pelas necessidades básicas alimentares, enquanto que uma outra parte do Planeta, e largamente a maior consumidora desses mesmos Recursos, adoptando um paradigma de vida, acima de tudo, de não-sustentabilidade, não se encaminhe para um esforço global no auxílio efectivo e desinteressado às populações dessas zonas do Planeta. As populações dessas zonas mais pobres, para quem tudo é precário e imprevisto, ora adorando divindades ora destruindo vidas Humanas em busca da simples sobrevivência e de uma justiça global que sentem não lhes ser prestada, têm o direito a responsabilizar os países que conseguem a sua abundância material à custa dos Recursos Naturais neles extraídos. É necessário abrir-se caminho a um **Crescimento Sustentado**, que é afinal o que no mundo Ocidental se deve apelidar de **Desenvolvimento Social**. No conjunto de países à Escala Planetária, **não obstante as tremendas diferenças na percepção Humana sobre a Realidade**, deve conseguir-se colocar o Homem noutra posição face ao Planeta que habita e ao uso que dá aos Recursos Naturais e como o faz. Este tipo de interacção Homem-Natureza Global só pode ter um objectivo: respeito pela vida e dignidade dos Homens no que mais lhes está afecto. Só com a contribuição efectiva para um crescente equilíbrio das condições de vida nos Hemisférios Norte e Sul, pode a Humanidade aspirar a qualquer sustentabilidade de vida no futuro.

As contrariedades na vida do *"Homo Sapiens"*
– a consciência egocêntrica do ser Humano

O *"Homo Sapiens"*, tal como foi definido numa das suas etapas de desenvolvimento através da História da Humanidade, está hoje a "anos luz" de viver nas condições físico-ecológicas, sociais e humanas que fixaram a sua existência e o seu modo de vida no Planeta. É inevitável a evolução das espécies como Darwin a citou. Os fenómenos evolutivos podem contudo processar-se temporariamente de forma mais ou menos harmoniosa ou desconcertada. Contudo o "rumo" da Humanidade deve ser o do equilíbrio natural. A forma evolutiva na espécie Humana, através da sua história mais recente tem-se pautado pelo desconcerto, pela contrariedade e dissonância da sua vivência com os Ecossistemas Naturais, e sobretudo com um modo de vida em Sociedade através de relações intra e inter culturais de tal modo desconcertante que evidencia, na actualidade, um risco potencial de rotura, cada vez mais visível com a sua própria sustentabilidade. À Harmonia Natural, o Homem actual vai contrapondo, através do poder consciente que possui, com a ganância pelo benefício próprio, com um egocentrismo em desfavor da mais elementar Solidariedade e muitas vezes com um manifesto desprezo absoluto pelos irmãos da espécie. Do mesmo modo que a ave produto da Natureza bela, não tem poder consciente suficiente para se impor às forças Naturais e portanto não pode ter comportamentos desviantes, o Homem, pelo contrário, embora produto da mesma fonte, exerce o seu enorme potencial consciente muitas vezes em sentido contrário à própria Natureza tornando-se paradoxalmente num inimigo feroz da Solidariedade e do Bem, apresentando-se ao mundo como um ser inestético e imoral não dignificador da espécie que representa. Uma das teorias com considerável aceitação sobre as origens do *"Homo Sapiens"* aponta-nos como lugar do seu primeiro aparecimento o

Continente Africano, numa vasta zona entre floresta e savana. Este ser vivo teria nascido com caracteres de unicidade reconduzido por gemiparidade e singularidade genética, exibindo uma combinação genética com origem nas tribulações de progenitores sexuados. Daqui que o indivíduo jamais possa ser algo isolado na Natureza donde foi originário, não existindo portanto no mundo por acaso. Ao longo da história da vida cada ser comporta em si uma entidade própria, em que a molécula, a célula ou o organismo que lhe é inerente e dele faz parte integrante, emerge de uma estrutura resolutiva previamente concebida e organizada. Neste todo biológico em que um ser Humano funciona, a molécula exerce as suas funções sempre através de afinidades e tensões próprias entre os átomos constituintes. O organismo como seu "macro" nível energético, exerce as suas funções através de tensões e afinidades entre as respectivas células. É a partir deste mundo de ínfimas dimensões que aparece um ser Humano com as faculdades que lhe são atribuídas. É uma exigência que se coloca ao ser humano em razoáveis condições físicas e mentais; ele deve reflectir sobre as suas origens, a microscopia de tudo o que lhe concede uma individualidade única, numa certeza universal de que não existem, nem poderão existir por via Natural dois seres humanos iguais. É a estes atributos Naturais que o Homem deve supremo respeito, a maior admiração e contemplação. Não obstante esta individualidade, a dinâmica da vida de um ser Humano não se pode ficar pela independência, pelo isolamento. O indivíduo deve efectuar trocas com o exterior, partilhar, ter e dar. O Homem existe para se comportar como um ser interactivo; assim reflectem alguns outros aspectos do seu ser, da sua constituição física e psicossomática. À parte da sua estrutura ao nível organizativo, molécula/célula/organismo, o corpo Humano funciona segundo a sua natureza, determinada pela relação glícido/lípido/proteína/ácido nucleico/ribonucleico. E ainda, segundo a sua funcionalidade, avaliado através das enzimas/substrato/mensageiro/mediador. *E é desta complexidade a níveis ínfimos de interacção matéria/não matéria que resultam seres Humanos aos quais são exigidos graus de consciência, sensibilidade e princípios éticos e morais elevados.*

Antes do aparecimento do "Homo Sapiens" a organização da vida teria sido realizada ajustando referenciais internos e externos respectivamente respeitantes ao património genético das espécies com as variáveis operantes no próprio habitat. Não crente num determinismo absoluto, o *"Homo Sapiens"* ter-se-ia libertado da infalibilidade causa-efeito instaurando um mundo interior mais epigenético conseguindo agir com a flexi-

Homem – Máquina – Paradigma da Vida Moderna 193

bilidade e maleabilidade cultural potenciadas pelo seu próprio sistema nervoso. Ao longo da História Humana a verdade está sempre mais nos factos do que na imaginação e no querer das Sociedades. O Homem primitivo conseguiu sempre relacionar-se melhor com a Natureza do que o Homem Industrial. Este ao tornar-se mais intervencionista, mais manipulador e usurpador dos Recursos Naturais tem-se tornado um verdadeiro inimigo da Natureza e de si próprio.

O Homem-Máquina que vive num paradigma mais ou menos inquestionável desde há 300 anos, comporta-se com natural indiferença ao seu próprio ambiente físico até nos espaços interiores onde realiza diariamente as suas actividades ou passa as suas horas de lazer. A habitação, a rotina diária e o desconhecimento, fazem desta indiferença um dos factores contribuintes para o crescimento da doença do mal-estar e da baixa produtividade laboral verificada sobretudo, onde não existe conhecimento sobre estas matérias. As variáveis do ambiente físico interior hoje mais detrimentais para a saúde Humana são o ruído, o estado químico-biológico do ar envolvente, os campos de linhas de força de origem electromagnética e a iluminação interior dos espaços. Para cada uma destas variáveis existem valores limite-extremo acima dos quais o estado de saúde, o bem-estar e a produtividade laboral/intelectual assumem as suas consequências. Infelizmente, na actualidade, o ser Humano que é chamado diariamente a outras formas de luta pela empregabilidade, pelos recursos básicos e até pela disputa competitiva, em geral não dedica a devida atenção à intercorrespondência entre a sua saúde e bem-estar com o ambiente físico no interior dos espaços onde passa em média 20 horas por dia.

Cada espaço físico interior onde a pessoa se realiza constitui um micromeio representando para si o seu ambiente imediato num dado momento, seja a casa onde habita, onde trabalha, uma enfermaria hospitalar, uma sala de aulas, este micromeio é sempre o lugar onde o indivíduo se inscreve e onde ganha forma a sua inserção social e espacial. A melhor ou pior inserção do indivíduo num determinado espaço físico interior é também sinónima do mais ou menos harmonioso estado psicológico em que a pessoa se inscreve nesse meio ambiente. A agressividade, a desconcentração e a falta de produtividade são frequentemente comprovadas reacções e dissonâncias do ser Humano ao ambiente interno dos espaços físicos que ocupa nas mais diversas situações. É hoje constatada a diferença de atitude das pessoas, sobretudo nos grandes centros urbanos, antes e depois de mais um dia de trabalho realizado em escritórios, salas de aula, hospitais ou instituições diversas.

Ao ambiente psicológico em que se esteve inserido ao longo do dia de actividade, ao ambiente físico dos espaços onde se movimentam as pessoas sobretudo nos grandes centros urbanos, e às tensões ambientais com origem exterior que se fazem transportar ao interior dos espaços sobretudo através dos sistemas de ventilação e das fraquezas das próprias estruturas físicas dos edifícios, corresponde um estado de saúde humana manifestado na sua atitude mental e psíquica. As consequências das viaturas automóvel no exterior, a aumentarem anualmente de quantidade sem precedentes, traduzem-se em poluentes do ar com as concentrações de emissões gasosas de CO, CO_2, NO_x, poeiras e os ruídos. Estes gases de combustão CO, CO_2, NO_x sendo insuflados nas condutas de ventilação via sistemas de filtragem que, geralmente não são eficazes para a retenção de gases mas sim para as poeiras, aqueles acabam por circular nos microambientes interiores prejudicando seriamente o funcionamento do aparelho respiratório humano. Por outro lado os ruídos constituem uma ameaça séria ao sistema nervoso criando frequentemente situações de stress mais ou menos profundas. A origem da questão mais central da relação do indivíduo com os espaços interiores, (sobretudo nos grandes centros urbanos) onde passa a maior parte do seu tempo de vida é a de que, na concepção dos edifícios são as fachadas exteriores emblematicamente pensadas não para as condições saudáveis dos ocupantes no interior do edifício mas para constituírem o cartão de visita da Empresa, ou da Instituição, de modo a darem uma imagem positiva ao exterior. Este tratamento da forma estética do Edifício não é geralmente pensado, minimamente em função da saúde dos que trabalham, aprendem, ou estão sujeitos a internamentos terapêuticos no interior dos espaços hospitalares. É certo que na actual modernidade tecnológica e na inerente concepção de vida das populações poderá ser argumentado com certa ironia que ... *"entrámos progressivamente na era da robotização e que estes equipamentos dispensam o tratamento dos factores mais sensíveis à saúde dos Humanos"*. Na verdade, tem-se alterado nas últimas décadas a concepção Tayloriana dos espaços laborais, colocando o trabalhador em novas condições definidas num ambiente por um lado mais despido da concepção humanística do trabalho, mas por outro pautado pela eliminação das tarefas físicas mais penosas. Com a especialização do trabalho retirou-se ao trabalhador, nas suas funções, a carga física e psicológica excessiva outrora verificada, pese embora, o facto de outro tipo de stressores(*)' terem tomado o lugar de alguns pesadelos do passado no mundo do trabalho.

Particularmente, as sociedades deverão estar preocupadas com aqueles que não tendo poder económico para a habitação de espaços dignos, estão ainda sujeitos a condições de ambiente físico interno (e externo) degradadas nos seus locais de trabalhos, pelo que, do ponto de vista de inserção social, estes grupos só muito dificilmente são "recicláveis", isto é, para estes não só as questão económicas lhes são adversas mas, numa acção fortemente biunívoca, são afectados também psicologicamente por questões relacionadas com o ambiente físico por vezes degradante, doentio e muitas vezes confrangedor que existe nos seus ambientes laborais. Estes indivíduos, habitando por vezes espaços em condições infra--humanas exercem a seu modo pressões extremamente duras sobre as Sociedades onde estão inseridos. E, paralelamente ao ambiente físico e económico em que vivem, é também o *"feeling"* da **"não cotação na bolsa social"** que mais os atinge e lhes provoca a revolta. A sensação de não ter valor e portanto "insolvência social" em todos os domínios é mais determinante no seu comportamento do que propriamente os factores genéticos ou cognitivos de que tão frequentemente são acusados. Por não possuírem defesas competentes, são estes grupos muitas vezes severamente acossados.

Neste actual paradigma do "salvem-se aqueles que puderem" os pobres nos espaços urbanos contemporâneos são indivíduos que normalmente não possuem uma casa minimamente digna e esta é uma das mais conhecidas marcas de "perda de território e exclusão". De um ponto de vista psicossocial, a posse de um espaço familiar permite às pessoas o sentimento de território não só físico, mas principalmente psicológico, estruturante das suas relações sociais. A adequabilidade dos "territórios Humanos" e os "feelings" resultantes das suas posses, são determinantes na estruturação das relações de inclusão ou de exclusão, e traduzem sempre, a seu modo, o valor material, cultural e social dos espaços onde o indivíduo ou grupo social se insere.

(*)' – Stressores: referindo-se a factores de impacte de origem ambiental manifestados no interior dos espaços laborais.

Libertação do Conhecimento
e mudança de Atitude

Nas relações com os nossos "mundos" interior e exterior só vivemos verdadeiramente o que deles conhecemos. Se acreditarmos nas grandes Leis do Universo, sabendo que dentro destas Leis se regem as nossas próprias, e se aceitarmos ainda que estas são leis mecânicas, então tornar-nos-emos mecanizados, eminentemente autómatos e simplistas. Se por outro lado, usando as capacidades Humanas no seu global, aceitando que somos parte integrante de um vasto Universo onde as nossas faculdades mais íntimas constituem a matriz de uma realidade – a realidade Humana, então estaremos em condições de viver de um modo mais criativo e holístico tendo nas Leis da Natureza o mais poderoso guia das nossas vidas.

Os novos conhecimentos trazem consigo mais responsabilidade na sua aplicação, é como que uma dívida que tem de ser paga à fonte Natureza por nos ter proporcionado as capacidades para essa aprendizagem. Já Abraham Maslow dizia que nos Humanos há um certo receio na aprendizagem de novos conceitos e este estado de espírito é justificado pela incerteza da falta de capacidade que temos na sua aplicação. Se atentarmos nas grandes descobertas da Ciência através da História, nos campos da física, biologia, psicologia e em outras matérias, verificamos que os autores, todos sem excepção, lutaram arduamente contra os velhos conceitos estabelecidos para que novas ideias e aplicações impulsionassem o Mundo do modo como o fizeram. O nosso sistema de Educação Ocidental tem responsabilidades no modo como se encara a Ciência, de modo parcial e reducionista. Falamos das capacidades Humanas para a Ciência que se dizem estar centradas na parte esquerda do cérebro e portanto só ocupando metade de nós, ou ainda daqueles que gostam da investigação sobre a Natureza mas que detestam a dissecação de insectos e por isso são instruídos para não optar por Biologia no Ensino Secundário e até daqueles que não conseguindo obter elevadas classificações em Matemática "não devem optar pelo estudo da Ciência". Estes são apenas alguns exemplos da forma como a motivação para a Ciência é contraditória entre nós. A causa principal da generalizada falta de motivação para a Ciência entre jovens é a de a Ciência ser tida como apenas assunto que alguns, cerebralmente dotados, e portanto fora do comum do que as pessoas podem atingir. Cada disciplina Científica é tida como uma "ilha" isolada, tornando-se a especialização um objectivo cujo âmbito não pode ser trespassado sob o risco de os resultados do trabalho parecerem generalidade ou sem sentido. Numa interrelação, que sempre existe em qualquer fenómeno, apenas alguns mais dedicados conseguem fazer pertinentes sínteses de verdadeiro interesse público. **Existem por todo o "mundo académico" muitos estudos científicos que terminam com resultado utilitário nulo para as populações que suportam pesados custos resultantes destes trabalhos de conteúdo vazio.**

Nas Escolas do Ensino Secundário desenvolvem-se programas pedagógico-científicos cujo objectivo principal é a demonstração conceptual e utilitária das tecnologias de ponta. Os alunos, na generalidade, não são todavia efectivamente instruídos sobre as leis fundamentais da Natureza, na sua interface com a própria vida. Se é verdade que os jovens, quase sem excepção, gostam da "mecanizada" informática, por outro lado não conhecem por exemplo os fenómenos que estão na origem de algumas das Leis mais importantes e vitais da Natureza. Deveriam, sem dúvida, ser ensinados a raciocinar sobre estes temas. Sempre! Estas contradições, levando as gerações actuais à obtenção de abundante informação, implicam também uma caótica e deficiente formação, cujas consequências num futuro próximo se prevêem catastróficas para as Sociedades. A evolução das Sociedades Humanas tem sido através da História da Humanidade sempre um fenómeno contínuo e suficientemente lento em harmonia com as Leis Naturais. O mesmo não pode ser generalizado a outros fenómenos verificados nos seres vivos. Darwin ao conceber a Teoria da Evolução das Espécies, insistindo no princípio da harmonia natural, verificou que as espécies sobreviventes eram as que se encontravam melhor preparadas, isto é, aquelas que com mais harmonia se interligaram aos fenómenos Naturais. Em biologia veio a provar-se que esta teoria não é verdadeira para um número considerável de fenómenos em seres vivos. Também as teorias de Newton no paradigma Homem-Máquina, vieram a tornar-se inadequadas

Homem – Máquina – Paradigma da Vida Moderna   199

em áreas que Einstein completou, vindo a causar violentos choques culturais na aceitação dos seus trabalhos. A visão do mundo contemporâneo comporta, mais do que nunca, a complexidade de todos os fenómenos interactivos resultantes de um ser Humano cada vez mais completo e super informado, mas que em termos formativos, isto é numa escala de compreensão dos mesmos fenómenos, muitos duvidam da superioridade que entretanto ostentam.

A libertação do indivíduo em múltiplos aspectos da vida advém, mais do que de outra coisa, da sua autodeterminação numa posição frontal contra o amorfismo e o cinismo. A nossa própria mudança e a mudança mais global das Sociedades impõe a **transformação dos nossos mitos** pelos quais nos regemos e vivemos, isto é, das nossas induzidas assumpções acerca da nossa própria natureza e potencial como seres Humanos. Enquanto na América do Norte (EUA e Canadá) esta transformação do pensamento colectivo tem vindo a operar-se nestas Sociedades a ritmos cada vez mais visíveis, na U.E. este processo é, na generalidade dos países, ainda um processo de evolução lenta e sem visibilidade devido principalmente à heterogeneidade de culturas e dos meios de comunicação associados.

As Sociedades contemporâneas Ocidentais vivem no quotidiano em ritmos de tal modo acelerados, numa preocupação competitiva assente no paradigma do "mais e mais rápido", e de tal modo preocupante que, dentro de algumas décadas, quando a aplicação dos Recursos Energéticos não-Renováveis lhes for inviável e a suficiência de outros Recursos Naturais como a Água e os Minerais lhes seja menos acessível economicamente, poderão as populações ser forçadas a recorrer a outro modo de vida, inevitavelmente mais em sintonia com os fenómenos Naturais. Ao ritmo actual das Economias centradas no crescimento e competitividade e operando segundo as leis da **oferta/procura**, o agravamento da escassez de Recursos Naturais corresponderá infalivelmente à subida de preços a que as populações, de certo, só com extrema dificuldade poderão fazer face. A rotura nas Sociedades será, dentro deste cenário, um acontecimento não evitável.

Antes do mais as Sociedades Ocidentais devem desacelerar, reflectindo mais no modo de vida, com as populações mais ricas a viver com menos quantidades enquanto outras, a grande maioria, a obter um pouco mais, garantindo uma sobrevivência mais digna. É necessário "parar" para reflectir, para tomar decisões que se ajustem ao momento actual e pensando no futuro, isto é, que se projectem no futuro sustentadamente. Agir neste sentido não é mais do que proceder cronologicamente em tudo o que de mais relevante podemos fazer em prol das verdadeiras prioridades.

O início da transformação tem lugar no modo de pensar e agir, isto é, na sensibilidade Humana para escutar-se a si própria. A mente tem capacidades suficientes para identificar e diferenciar os estados psicológicos de "stress", de impasse na decisão, de mágoa, no desejo ou no impulso. Uma mente não consciente de si própria tem o mesmo efeito em nós como se algo nos bloqueasse a vista, isto é, como se deixássemos de ver aquilo que para nós é realidade.

Existem modos pelos quais podemos aferir a nossa mente face à "realidade" quando a sentimos confusa e conflituosa: A mudança conduz-nos sempre a uma situação selectiva entre o gosto e a desagradabilidade, fazendo o indivíduo normalmente jus em relação à **sua própria realidade.** Se a mudança for realizada de modo incremental, o indivíduo **sente a sua realidade** e vai mudando, sempre vestindo "a nova roupa e comparando-a com a anteriormente usada". Quando a mudança é de modo pendular, o indivíduo abandona decididamente um certo tipo de vida e começa outro(*)'. Neste caso todas as experiências anteriores são abandonadas a nível consciente sem que todavia conheça a sua nova realidade. Em qualquer destes modos de mudança não existe uma integração, uma **síntese transformadora,** e o indivíduo pode sentir-se confuso e desarticulado com a "sua realidade". O cérebro Humano não aceita de forma harmoniosa situações de conflitualidade informativa a menos que a possa integrar no **seu mundo interior.**

Na mudança verdadeiramente efectiva o indivíduo predispõe-se ao nível da experimentação de um novo paradigma de vida, o que lhe traz a transformação no seu sentido mais global. Nesta interacção consigo próprio e com o mundo exterior, o indivíduo "faz-se" a um modo de vida diferente, integrando efectivamente as novas variáveis e ajustando-se continuamente aos sucessos e desilusões decorrentes da transformação.

A maior esperança das Sociedades mais conscientes dos problemas que actualmente as afectam é a de que novas soluções para a sustentabilidade da vida sejam possíveis e finalmente alcançadas. Neste sentido a

---

(*)' – O pêndulo inverte a direcção e o sentido para começar novo impulso.

mudança de paradigma de vida implica necessariamente transformação nos modos de pensar e agir, evento sempre objecto de dificuldades de vária ordem, com alguns insucessos até que se consigam obter os resultados esperados. As maiores transformações na História da Humanidade advieram de situações de crise. Em qualquer destas situações foi sempre a necessidade o motor da mudança. **A necessidade é de facto o "fuel" do progresso individual e social**. A Ciência tem-nos fornecido, entre outros aspectos da maior relevância para o crescimento inovador do ser Humano, também o conhecimento do vazio e do compacto, do atingível e do não atingível, da ordem e da desordem. Todos estes aspectos são úteis para a associação de ideias na transformação do paradigma Humano. O maior obstáculo de todos é ainda o da desconfiança com que os Humanos se debatem sobre as suas próprias capacidades. A realidade como é percebida e sentida pelo ser Humano nem sempre o motiva no melhor sentido da vida.

O "Egoísmo altruísta" na Sustentabilidade da Vida Humana

Um certo comportamento egoísta esteve na base da evolução da vida através da história do Planeta. As formas mais simples da vida consistiram de células totalmente independentes as quais foram sujeitas no tempo à transformação e selecção de acordo com as Leis Naturais. Como seres individualizados, a fraca protecção não permitiu a existência na continuidade e assim rapidamente acabariam por desaparecer. Estas células existindo isoladas em puro egocentrismo deram lugar a relações de antagonismo em que só algumas poderiam existir em detrimento de outras. Nesta interacção Natural teria lugar algum fenómeno compensatório de características mais ou menos altruístas que actuando sobre as células individuais unicelulares produziu agregados mais fortes formando seres multicelulares cada vez mais complexos. Deste processo, as células individualizadas cederam à sua independência para, através de uma certa interacção com o exterior, se "especializarem" em nutrição, defesa e locomoção que lhes permitisse a segurança e a sobrevivência que lhes faltava. Estas origens da vida podem ensinar-nos como um certo tipo de egoísmo pode ser também útil à própria sustentabilidade da espécie. É óbvio que não se fala aqui do puro egoísmo, também igualmente caracterizador da espécie Humana, embora este apenas se manifeste com efeitos destrutivos. A salvação da Natureza é em cada dia que passa mais difícil. Existem hoje, forças imensamente antagónicas em operação no Planeta de tal modo que o equilíbrio actual tem sido apenas possível pela imensa força Natural, de reposição, que felizmente se tem colocado ao lado dos mais fracos – *das populações com menos poder destrutivo*. Tal como em qualquer batalha onde o comando deve sacrificar um regimento para salvar a unidade, também a salvação dos Ecossistemas hoje severamente ameaçados exigem os sacrifícios de todos para a continuidade da vida. Algum "egoísmo altruísta" será necessário introduzir nas novas gerações de modo a vencer-se esta grande batalha que é a da defesa da continuidade de um Planeta habitável.

A adaptabilidade dos seres vivos na Natureza é um fenómeno de ajustamento contínuo à vida cuja capacidade para a exercermos nos foi transmitida desde a nossa fase mais original. A Energia de adaptação é muitas vezes consumida na confrontação com o "stress" da vida sem resultados positivos para o indivíduo. O "stress" é parte da nossa vida quotidiana; sem ele, as nossas relações interpessoais seriam monótonas, desagradáveis e até desinteressantes. O "stress" relaciona-se com a actividade e esta é uma necessidade biológica de qualquer indivíduo(*)'. Quando Walter Cannon se referiu, pela primeira vez, à importância do termo homeostasis (capacidade do organismo humano conservar constantes as condições internas do corpo em reacção às condições externas) reconheceu as funções biológicas adaptativas do corpo Humano através da adrenalina e do sistema nervoso simpático fornecendo assim à Ciência o contributo para a descoberta do conceito de "stress". Walter Cannon indo um pouco mais longe, concluiu também que este conceito é aplicável aos sistemas filosóficos e políticos. De facto são bem visíveis as aplicações deste conceito na actualidade. Particularmente os sistemas políticos são concebidos para manter a *"homeostasis"* necessária para que as populações se sintam felizes e confortáveis, facto que a realidade social prova só raramente ter conseguido. Se retomarmos o conceito original do comportamento unicelular e a transformação evolutiva por que uma célula teve de passar devido a factores externos, certamente podemos concluir que há vantagens no desenvolvimento e aperfeiçoamento dos órgãos especializados em seres vivos complexos, incluindo os seres Humanos, os quais são constituídos por muitos milhões de células. A Natureza já há muito nos proporcionou tais órgãos especializados onde cada um destes nos faculta a locomoção, a digestão, a excreção ... quando a correcta alimentação e o exercício físico, lhes fornecem os nutrientes necessários e o oxigénio, via fluxos sanguíneos.

Estes mesmos princípios aplicam-se aos grupos sociais, às Nações; o Homem possuindo características individualizadas e únicas, é constituído

---

(*)' A palavra "stress" de origem anglo-saxónica é vulgarmente conotada com "distress", palavra com a mesma origem. Enquanto "stress" é salutar na vida das pessoas, "distress" tem conotação contrária, isto é, disfuncional no sistema nervoso humano.

por um todo sinergético formado por células e órgãos especializados obedecendo a sistemas de comando e controlo actuando sob as fantásticas Leis da Cibernética Natural do corpo Humano.

Estas Leis governam os grupos Sociais e as Nações tal como a Saúde Humana é governada através de uma conduta cibernética harmoniosa dos órgãos constituintes. As relações entre membros de uma família, tribos ou nações são harmonizadas por emoções e paradoxalmente por impulsos de egoísmo altruísta que, do modo mais sedutor, é responsável por assegurar a paz e a cooperação removendo as guerras.

Toda a actividade Humana é dominada pela procura da felicidade. Este estado de espírito é essencialmente resultante de um *"feeling"* de auto-satisfação interior, isto é, de um estado psicológico no qual todas as necessidades do indivíduo, sejam materiais ou intelectuais, são perseguidas até que estejam satisfeitas. O agente responsável pelos desvios deste estado de satisfação e realização do Homem é o "stress" nas suas manifestações mais descontroladas e extremadas, isto é, o *"distress"*(*)'. O ser Humano é desviado das suas actividades socialmente mais frutíferas quando atinge níveis de *"distress"* incompatíveis com a harmonia e o controlo em relação a si mesmo. Este é o fenómeno quiçá mais perturbador do Homem moderno. Sob o efeito deste estado psicológico que se transmite de modo somático à globalidade do corpo, o Homem jamais pode ter uma concentração profícua nas suas relações de trabalho, familiares ou para com a Sociedade em geral. Os prazeres da vida advêm do *"feeling"* de satisfação de uma necessidade. Assim não haverá a sensação de um grande prazer sem a criação de uma grande necessidade. A satisfação das necessidades Humanas é realizada a partir de motivações interiores nesse sentido. Quando os estímulos interiores são fracos, a resposta do indivíduo que de facto quer satisfazer essa necessidade, é a ansiedade e eventualmente o *"distress"*. Se pelo contrário, os estímulos são fortes para uma tomada de decisão mas o indivíduo não está seguro quanto aos resultados a adquirir, o seu comportamento é assinalado pelo esforço de contenção, igualmente induzindo mais ansiedade e "stress". Este fenómeno particular é comparável à condução de uma viatura automóvel, na qual se pretende em simultâneo acelerar e travar, cujo resultado final é a falha de "performance" e a deterioração de uma parte da viatura.

(*)' – A palavra "distress" na língua anglo-saxónica está conotada com a manifestação negativa do "stress".

Em todas as motivações intelectuais ou motoras que o Homem pretenda executar com sucesso, a informação adequada às situações, a tranquila reflexão e o uso das capacidades interiores (que são poderosas) para a auto-motivação, são ingredientes essenciais para que possa agir numa dada direcção. Esse rumo é geralmente pensado, em primeira-mão em relação a si próprio, no seu bem-estar, no seu próprio benefício. Se, paralelamente essa atitude Humana for no sentido da transformação de paradigmas no comportamento Social para que as melhores e mais sustentáveis condições de vida sejam atingidas, então estamos de regresso ao princípio mais intocável das nossas origens... **o princípio do "egoísmo altruísta"**.

O Homem Ocidental actual, motivado pela modernidade da sua época comporta-se em muitos aspectos como integrado numa "supertribo" segmentada em classes: classe profissional, classe académica, classe desportiva e em outros grupos classicistas que tendem cada um *"per si"*, por mais paradoxalmente que isto pareça, a apresentar características humanas semelhantes às formas tribais da antiguidade: Os países actuais fazem acordos, convénios, alianças sobretudo naquilo que tem por objectivo as relações comerciais e de investimentos de capital. Numa curta passagem do tempo tudo é esquecido para se tornarem adversários na guerra e em destruição mútua. Os Impérios territoriais são desmantelados, quase sempre, através de guerras destruidoras de populações massivas. Apesar da imensa evolução no campo das comunicações aproximando os povos, os fenómenos dos negócios e de todo o tipo de interacção entre países, geralmente mais egoísta do que solidária, coabita com as guerras e a destruição. Em guerras recentes, as mais destruidoras, poucos são os que ignoram o papel do petróleo em todas estas intervenções bélicas, particularmente nos países árabes. Grupos sociais da actualidade recorrem ao seu estatuto de super-tribos para se imporem aos mais fracos, àqueles com menor poder político ou económico para fazerem valer os seus direitos e assim, para melhor poderem usufruir dos Recursos disponíveis. Este comportamento não se afasta de modo algum do que a História nos ensina sobre as Sociedades Tribais da Antiguidade. Apenas existe uma diferença: nos tempos actuais, o modo de actuar sobre os Recursos Naturais, pertença de todos, é infinitamente mais destruidor das vidas Humanas do que foi no passado. Desde que o trabalho Humano se substitui à potência da Máquina, tudo no Planeta acontece e se transforma a uma velocidade infinitamente superior ao que se verificou até há três séculos atrás.

Os sonhos propagandeados pelas "super-tribos" do presente sobre paz e solidariedade, são cada vez menos verificados na prática entre as nossas gerações. Pensando à margem do real, tudo parece que para as populações do presente, a única esperança é a de que eventuais seres de outros planetas possam viajar até este nosso, pondo ordem nesta tendência para o puro egoísmo em que todos estamos imersos no presente. No Ocidente, as populações estão há meio século assistindo ao "espectáculo" do crescimento de alguns Países e Regiões sem aparente sustentabilidade para condições de vida futura. As razões mais evidentes são aquelas relacionadas com **o causalismo de crescimento na base das fontes de Energia de génese fóssil não-renovável e a consequente degradação Ambiental**. Sendo assim, quais as razões que levam as Sociedades a persistir neste paradigma? Pensa-se que as razões transcendem os jogos das super potências no domínio dos mais fracos poderes sociais e económicos. O próprio ser Humano, auto-intitulado desenvolvido, sendo biologicamente o mesmo Homem do passado remoto, obtém agora satisfação ou é forçado a viver dentro da confusão caótica dos grandes centros urbanos. Tudo lhe parece algo irremediável e ao mesmo tempo fruto do progresso e da evolução no "desenvolvimento humano".

O caos urbano em que as Sociedades vivem parece energizar as pessoas e criar-lhes um "*feeling*" de superioridade tipo "super-tribal". Nesta aceitação de uma realidade não sustentável é a parte humana do egoísmo puro a impor-se à racionalidade e à transformação de paradigma, que é evidenciada de um modo colectivo, e que certamente terá consequências tanto mais graves quanto a demora na sua correcção.

Estatutos e Super-Estatutos no paradigma de vida Ocidental – implicações na degradação Social

Através da História da Humanidade a personalidade do Homem para se impor, para dominar, esteve sempre presente no seu relacionamento com os outros e com os Recursos Naturais em geral. Este tipo de relacionamento dá origem aos pequenos e grandes grupos dominantes, seguindo sempre os princípios; primeiro do forjado egoísmo altruísta, depois com o tempo, desenvolvem-se outros tipos de relacionamento até ao egoísmo puro. Como dizia amiúde algum governante do passado.... *"é a vida"*! Das lutas entre grupos dominantes nascem os super-grupos com mais poderes e certamente mais acutilantes na percussão do domínio sobre todos os restantes. Estas são as "escadas" que levam alguns Humanos aos pontos "mais altos" que podem, estando na base os "pontos de apoio e segurança" formados por todos quantos deles necessitam.

O resultado das lutas pelo poder, estatuto e super-estatuto, começam por ser tolerantemente aceites pelos dominados até que o ambiente social circundante se torne ostensivo devido à percepção dissonante por parte do grupo dominado em relação ao poder dominante e sua atitude menos sincera.

Quando esta situação tem lugar, toda a relação oscila entre a moderada e fria reacção e a mais animosa oposição. Tudo depende normalmente das condições de segurança económica e de emprego do grupo dominado. Tudo pode evoluir desde a mais moderada atitude social até à extremada revolta.

Para os pequenos grupos titulares dos super-estatutos, as reacções dos dominados são tomadas por vezes como dificuldades próprias, inerentes ao próprio estatuto de que são possuidores. Algumas vezes só e só isto lhes dói... nada mais... os "super estatutos" esperam aceitação absoluta dos necessitados. A modernidade trouxe consigo um novo estilo de líder, um "dominante servidor" em delegação e em oposição ao velho estilo de apenas se apresentar como dominante, como um todo poderoso, com autoridade de imposição das regras de jogo.

Este novo estilo aparece frequentemente com uma postura propriamente adequada à impressão positiva nos seus colaboradores, embora esta faceta seja apenas parte de um pequeno truque. Assim parece-se mais com o grupo, embora a sua função e o seu papel dominante vá muito para além disso. Além do mais o moderno líder "deve" continuar a mostrar uma postura física e mental de liderança. Esta postura comportando sinais de poder é no entanto actualmente aceite pelos colaboradores dominados.

As reacções fisiológicas do líder moderno a situações diversas nas suas relações de trabalho "devem" oscilar entre o **calmo e descontraído e o firme e determinado**. Quaisquer sinais contrários ao que a situação de momento pede, poderão ter efeitos nefastos na moderna função de líder.

As questões que mais colocam em evidência as preocupações e as competências do líder moderno em relação ao poder e ao estatuto, têm a ver com situações de rivalidade e de contrariedade. O acto de elevação exagerada da voz e da irritação por parte do líder é um sinal de fraqueza deste quando ocorrem situações de contrariedade. Estas atitudes, em oposição à contrariedade, são próprias de alguns animais selvagens, isto é, aterrorizar os seus opositores com sons e gestos reafirmando os seus poderes. A questão fundamental no contexto é a de se saber até que ponto estas atitudes na liderança moderna e as consequentes reacções dos liderados contribuem para a manutenção de um paradigma cujos resultados para o global das sociedades se prevê sem sustentabilidade. Por um lado estão as "forças" com objectivos traçados para alcançarem cada vez mais poderosos benefícios a partir da transformação dos Recursos Naturais dos quais se têm progressivamente apoderado de forma surpreendente nas últimas décadas, por outro estão as populações transformadoras dos Recursos Naturais e produtoras de riquezas imensas, com representantes de classe é certo, contudo nem sempre pedagogicamente encaminhadas de modo a reivindicar a parte dessa riqueza que produzem e a que, pelo menos moralmente, teriam direito. Nesta luta pela sobrevivência, é constatado que à vasta maioria das populações lhes faltam os recursos, incluindo o tempo disponível para reflectir serenamente sobre as condições caóticas que se projectam no seu futuro mais ou menos próximo.

Na actualidade, o papel do *"leader"* num ambiente Humano de trabalho é desempenhado com crescentes desafios impostos à eficácia e à eficiência(*)' das suas operações. O estilo do passado, centrado no papel dominante e usando o super-estatuto como força de imposição, foi abandonado a favor da liderança com base no diálogo, na observação e escuta e na decisão. Estas são as tarefas para as quais o líder nem sempre está preparado nem psicologicamente ajustado. A tendência, pelo contrário, do "super-tribal"- líder no uso do seu super-estatuto tende a preocupar-se em conhecer tudo à sua volta tornando-se excessivamente preocupado com a sua posição dominante ao ponto de não interessar mais à Organização que representa. Por último, é auto-destrutivo no lugar que ocupa.

Queiramos ou não aceitar, qualquer que "seja a propaganda" dominante em cada lugar, a grande verdade é que o mundo e as condições em que nele vivemos, muito dependem do modo de pensar das nossas "super-tribos", das nossas "super-classes sociais". É o poder a exercer-se de uma forma dominadora com reflexos na aceitação frequentemente forçada daqueles que com mais debilidades pretendem sobreviver o melhor que podem e sabem. As classes "super-tribais" têm no entanto adoptado nas últimas décadas comportamentos diferentes do que adoptaram no passado. A Educação, actualmente orientada no sentido de impulsionar contínuos e substanciais melhoramentos nos processos comunicativos, sobretudo incidindo na divulgação massiva dos direitos e deveres, tem tornado muito diferentes as relações entre as "tribus" e "super-tribos" ou seja, melhorando o relacionamento entre as pessoas com aceitação da humildade e a rejeição da arrogância entre todas as formas comunicativas nas Sociedades Humanas onde quer que estejam; no trabalho, na escola, no convívio social. Este é um caminho favorável e indicado às grandes transformações no paradigma de vida que urge iniciar-se à escala Ocidental e Planetária.

Mas a questão da procura do super-estatuto é ainda mais complexa, porventura a mais difícil de resolver. No paradigma em que vivemos, a chamada classe "média, de médio-baixo estatuto" procura frequente e incessantemente o "super-estatuto" muitas vezes em competição desleal com a sua própria classe. Esta é mais uma incessante luta dentro das

---

(*)' eficácia – desempenho cabal e utilitário das funções.
eficiência – custos mínimos associados ao desempenho das funções.

Empresas, Instituições Públicas e "mundo Académico" com prejuízo da resolução de outras causas de maior interesse colectivo e social. Com efeito, os indivíduos de médio-baixo estatuto, candidatos à "super-tribo" de mais alto estatuto, desconhecem muitas vezes que estes usam sinais "braçadeiras", como distintivos da sua classe. São os chamados tiques de classe. Este aspecto traz algumas frustrações, pelo menos inicialmente, após o candidato ao "clube dos grandes" ter tido sucesso na sua caminhada ascensional. Há necessidade de preparação não só estritamente profissional como também na interacção humana em estilo, para o qual frequentemente o candidato não está preparado. As lutas pela ascensão na classe dominante, legítimas que são dentro do paradigma actual, podem ainda constituir um factor de dinamismo dentro da própria Organização de trabalho. Porém, manifestam-se em perdas enormes nos fluxos produtivos quando levadas a exageros relacionais cuja rejeição é muitas vezes evidenciada pelas classes produtoras.

A transformação do paradigma de vida que se desenha cada vez mais necessária e pertinente, comporta diferentes vectores da consciência Humana: a questão do uso dos Recursos Naturais da Energia e da consequente degradação Ambiental, a questão dos Recursos Humanos envolvendo abrangências próprias da sua natureza, como a *motivação, o zelo, a exigência da ética e o respeito pelos direitos e o cumprimento dos deveres (deontologia)*, são algumas das mais importantes facetas que devem ser revistas e tornadas mais vivas à luz de um Homem novo num paradigma de vida digno e sustentável.

Conhecer os limites para crescer:
O mais nobre de todos os conhecimentos
para o Homem actual

Nas últimas décadas foi difundida literatura, alguma das quais "best seller" em algumas Sociedades Ocidentais, particularmente na América do Norte (EUA e Canadá), onde se lia que "o céu seria o limite de todo o crescimento Humano". Segundo esta teoria, o ser Humano, no uso das suas mais racionais capacidades pode avançar no sentido de um perfeccionismo e fazendo uso de todas as suas capacidades poderá atingir todas as metas a que se proponha desde que sejam estabelecidas de um modo racional, à medida Humana. Esta teoria de índole filosófica comporta apenas meia verdade ... enquanto o Homem se pode aperfeiçoar espiritualmente a níveis infinitamente superiores àqueles que hoje demonstra possuir, materialmente estão provados os limites restritivos à sua actuação sob pena de se extinguir do Planeta. *E neste contexto as Leis fundamentais da Natureza são os seus limites intransponíveis.* Este facto é claramente assinalado nas Leis Naturais da Termodinâmica no que em particular se refere ao crescimento dos valores Entrópicos ou da degradação Ambiental à medida que crescem os usos (e abusos) dos Recursos Naturais da Energia não-Renovável e outros.

A questão da existência de limites no crescimento e desenvolvimento Humano do domínio material é evidente nos aspectos mais simples da vida: quando nos é oferecida uma bebida, depois a segunda, terceira..., dizemos não, provando a existência desses limites Naturais do corpo Humano. Quando uma pequena criança euforicamente salta e corre por todos os espaços que pode, logo aparece a pessoa adulta a lembrar-lhe que se assim continuar vai incorrer em queda com eventuais fracturas no corpo. São estes de facto os provados limites nas mais simples facetas da vida. Na nossa mente e num contexto espiritual, pelo contrário, não haverá limite para o seu aperfeiçoamento quer a nível consciente quer inconsciente. Quando o nosso querer e a imaginação estão em conflito, a nossa parte imaginativa invariavelmente vence, ... para esta nossa capacidade interior não existe, de facto, limites. O mais decisivo ingrediente para o sucesso é o esforço consciente na imaginação.

O ser Humano raramente tem presente no consciente que é parte de um todo integrante composto por uma multitude de componentes vitais e que de todas elas depende. Uma destas componentes é o reino animal com o qual o Homem trava lutas incessantes, até ao neurótico, para negar esta pertença. Entende o ser Humano que sendo "o único" super-Racional do Planeta pertence a uma "super-casta", independente e acima de tudo quanto existe, autoelegendo-se nesta lógica o "colonizador do Planeta". Em relação aos outros animais o senso mais comum dos Humanos é o *de não pertença nem partilha* com as restantes *bestas*. Este tem sido um dos maiores erros do pensamento Humano através da sua História. Somos de facto todos animais não fazendo sentido qualquer tentativa de esforço na negação desta verdade. Todas as nossas funções fisiológicas realizam, virtualmente o mesmo que se verifica nos restantes animais.

A nossa manifesta superioridade em relação a todos os restantes animais manifesta-se na mais comum das expressões que usamos no quotidiano, como: ele/ela comporta-se como um animal, ele/ela actua deficientemente e é portanto um verdadeiro animal. Estes são apenas alguns exemplos de como pensamos ser "super-castas" do reino animal a que todos pertencemos.

Enquanto este conflito entre o ser Humano e os outros seres do reino animal não for resolvido, o Homem moderno não se poderá considerar intelectualmente evoluído e cientificamente sábio, como pretensiosamente o manifesta. Muito para além do desprezo com que nos manifestamos em relação aos outros seres do mesmo reino, tratamo-los mal, como é o caso mais flagrante das touradas, do qual espectáculo não se retira outro "benefício" que não seja a satisfação de um prazer sádico e cruel.

Num novo paradigma de vida estará certamente incluída uma nova visão sobre a vida animal sem excepção. O tratamento mais cruel que actualmente se inflige aos animais para a alimentação Humana, desde as condições físicas em que por vezes vivem nos respectivos "encarceramentos" até aos próprios modos de abate, em alguns locais, constitui uma verdadeira contrariedade àquilo que as Sociedades Humanas Ocidentais tanto

Homem – Máquina – Paradigma da Vida Moderna   215

proclamam: *evolução e civismo*. Actualmente colocamos os restantes animais, sobretudo aqueles que destinamos à alimentação, a níveis aterradores abaixo dos mais elementares preconceitos que a espécie Humana deveria exercer. Para os leitores mais cépticos sobre esta matéria específica, sugere-se uma visita a algumas instalações destinadas à criação de frangos, coelhos e porcos existentes em alguns países da própria União Europeia, não obstante os regulamentos específicos em vigor. Há de facto limites para produzir e crescer que estão a ser inclementemente ignorados, ora por desconhecimento ora por intencional "dislexia" na organização Social, perpetuando-se assim o paradigma do "mais e mais rápido" a favor apenas do egocentrismo de alguns.

O ser Humano ao afastar-se, do modo como o faz, da sua própria realidade, não aprecia o facto de que o que possui de mais poderoso e constituinte sustentáculo do seu ser mental e espiritual lhe advém de outros factores Naturais e só destes. O corpo Humano é justamente um corpo com funções fisiológicas idênticas às dos outros animais. Somos de facto dotados de magníficas potencialidades "cerebrais e espirituais", contudo o nosso suporte real, sustentáculo primeiro de todas estas faculdades, é o corpo fisiológico.

Em algumas Sociedades Ocidentais, o primeiro propósito em se obter Educação Superior é o de exteriorizar mais saber, mais importância perante a Sociedade. É dentro do paradigma reinante uma forma de crescer em termos comparativos, *não em valores absolutos*. Contrariamente, de acordo com o que se sabe sobre crescimento e desenvolvimento Humano, para ser socialmente útil deve comportar um processo Educativo subjacente suficientemente estimulante a uma aprendizagem com motivações interiores e não exteriores.

A aprendizagem como motivação interior proporciona ao indivíduo a verdade de si mesmo e a ligação mais afectiva a tudo do qual depende. Quando se aprende algo sobre imunidade contra pressões exteriores qualquer que seja a sua natureza, dessa aprendizagem resulta um verdadeiro crescimento do indivíduo no sentido de maior progresso, de maior desenvolvimento, de maior utilidade social. É um modo de crescimento de base interior que impulsiona o indivíduo a um conhecimento *holístico* de si com o mundo que o rodeia e sem interferências externas, enquanto desviantes do acesso ao conhecimento mais íntimo do ser Humano.

Enquanto os sistemas de ensino, ainda hoje em prática em alguns países do Ocidente se pautarem pela apreciação e avaliação de capacidades na base de valores numéricos resultantes de exames escritos com a duração de 1, 2, 3 horas, não existem de facto condições para o verdadeiro desenvolvimento das potencialidades Humanas quanto à integral visualização dos seres com as suas mais importantes interdependências físicas, mentais e psíquicas. Esta é a formação continuada do Homem com uma visão restrita de si e das suas dependências, lutando apenas e individualmente pela sua própria sobrevivência. São muitos os jovens que hoje se sentem medíocres porque não conseguiram classificações suficientes nas suas Escolas. Este é seguramente um dos maiores motivos do abstencionismo crescente e abismal nas escolas de alguns países da União Europeia, como por exemplo, Portugal. É importante o apoio a estes jovens no sentido de os fazer reconhecer que o seu valor como pessoas nada tem a ver com as classificações académicas que obtiveram. De facto o jovem com uma classificação insuficiente numa disciplina pode realizar-se com sucesso, aprendendo com a vida as matérias que essa disciplina comporta. É a atitude perante a vida que conta para o jovem; como escuta o mundo que o rodeia, como interage com os outros seres Humanos e os restantes componentes Naturais, com que dignidade e esforço está a contribuir para o bem Social. São estes os ingredientes principais do sucesso Humano mais do que as classificações que o professor A ou B lhe atribuíram durante a sua vida académica.

O Ensino em alguns países do Ocidente está centrado na intensiva aquisição da informação e do conhecimento. É comum dizer-se na U.E. que "enfrentamos a Sociedade do Conhecimento e da Informação". *Falta-nos um Ensino que se preocupe mais com o desenvolvimento da **imaginação***. Como dizia Albert Einstein "*Imaginação é mais importante do que o próprio conhecimento*". De facto quando pedimos a alguém para usar mais a imaginação, queremos implicitamente dizer-lhe que a sua presente visão dos factos é restrita e portanto necessita de mais profundidade. É disso que a nossa Cultura Ocidental da actualidade mais necessita, isto é mais profundidade e aplicabilidade no conhecimento e na informação que recebe. As técnicas informáticas são hoje o exemplo mais evidente da nossa opção cultural, favorecendo a velocidade de apreensão e do tratamento dos dados informáticos em desfavor da compreensão e da aplicabilidade dos fenómenos subjacentes. Mecanizarmos a esmagadora maioria das populações no simples tratamento de dados no virtual, a favor de uma minoria de "sábios" que os interpretam na profundidade, não conduz nenhum país ao desenvolvimento que necessita. A informática é hoje uma "ferramenta" de trabalho algo impossível de retardar ou substituir devido ao super-volume de variáveis com que as Sociedades se defrontam, contudo também esta invenção do Homem, pelos motivos da instrumentalização exagerada que está apresentando, traz consigo uma semente cujos frutos poderão não ser aqueles com que se sonhou no seu início. Enquanto o Homem passou a ter acesso a dados à velocidade da luz outrora impensáveis, quer nos relacionemos no Planeta Terra quer no domínio Espacial, a mecanização da grande maioria das populações, incluindo os nossos alunos dos Ensinos Básico, Secundário e Superior, fez com que se tornassem perigosamente mecanizados e com um grau de inconsciência elevado sobre importantes fenómenos fundamentais relacionados com a vida Humana. Existe de facto uma algo perigosa perda de poder imaginativo e criador Humano a favor da Mecanização e Instrumentalização das actuais gerações com origem no extremo virtual, isto é, no espectacular crescimento dos meios informáticos dos últimos anos.

Ciência, Religião e Laicidade:

motores de evolução e de resistência
à transformação do paradigma de vida

Sempre através da História da Humanidade, as relações entre Ciência e Religião indicaram dificuldades. Houve suficientes episódios no passado longínquo e até nos tempos mais recentes que suficientemente confirmam esta verdade.

A emergente necessidade de transformação do actual mundo Entrópico e não sustentável implica alguma reformulação na teologia Cristã. Este caminho teria sido iniciado na reforma Protestante a qual abriu às Sociedades novas ideias na expansão teológica da época, então adequada e ajustada à era económica que se vivia. Uma postura teológica que reflicta os requisitos para o cumprimento das grandes Leis da Termodinâmica e da Entropia parece de novo necessária como fonte de motivação do "novo Homem"... o Homem da idade Solar, promotor e acérrimo defensor da Sustentabilidade da vida Humana centrada no uso das Energias Renováveis.

O crescente interesse pelas Religiões do Leste que se manifesta na América do Norte e na Europa da U.E., parece abrir caminho a mais reflexão na própria Igreja Católica Romana a este respeito. Aderentes da religião Budista têm demonstrado grande coerência ao longo da sua História sobre a questão dos fluxos Energéticos e o seu relacionamento com a vida Humana. O processo da meditação nos seguidores desta Religião é justificado na redução da excitação humana e na promoção de uma atitude de vida de Baixa Entropia. A seu modo, os praticantes desta Religião estão em sintonia com as necessidades de um Planeta que se necessita mais puro, mais rejuvenescido. O mundo Ocidental tem, através dos tempos, manifestado grande dificuldade em aceitar esta filosofia de vida, a qual só nos anos mais recentes tem indicado alguma aceitação significativa sobretudo nos EUA e Canadá. Enquanto as Religiões do Leste têm entendido e adoptado um comportamento Humano de Baixa Entropia, reduzindo, a seu modo, as desordens ambientais no Planeta, no Ocidente, com a complacência de todos, Instituições com responsabilidades na gestão Global dos Recursos Naturais e das Religiões dominantes, tem-se assistido ao oposto, instalando-se nesta parte do Planeta desde os últimos 300 anos, e de um modo confrangedor, uma verdadeira Sociedade Entrópica, impulsionadora de agressões sem precedentes aos Ecossistemas Naturais. Neste modo de pensar, este Planeta é apenas considerado uma mera estância temporária onde não é considerada a origem fundamental da Humanidade, nem os mais elementares sinais de afirmação para a continuidade da espécie no respeito pelos Ecossistemas. O Homem Ocidental tem usado e praticado o conceito de domínio da Natureza para justificar a sua apetência manipuladora e exploradora dos seus Recursos em proveito do próprio. Numa nova doutrina também necessariamente de base religiosa impõe-se, paralelamente a um novo olhar da Ciência, um novo rejuvenescimento no modo de pensar e divulgar a mensagem religiosa num contexto pedagógico-científico e portanto utilitário. Um novo Homem poderá então usar outro conceito de domínio que não seja o do direito de exploração da Natureza a seu belo prazer. Não nos pode causar surpresa que na idade Renascentista, na Europa tivessem lugar os conflitos que se verificaram entre a Ciência e a Religião. Não devendo ser aspectos antagónicos da vida Humana, a verdade é que as grandes descobertas científicas sobretudo na Astronomia e na Medicina teriam conflituado com as crenças religiosas mais fundamentais da época. Com a evolução dos tempos nos séculos XIX e XX assistiu-se ao surgimento e ao completar de novos entendimentos entre Religião e Ciência. Com os espectaculares avanços desta, assim se hão dividido os domínios: À Ciência se devem os grandes desenvolvimentos da Cosmologia, como parte integrante da Astro-Física, da origem da vida, que é justificada pela interface da Química com a Biologia. Da união da Genética com as Neurociências completou-se o conhecimento de base fisiológica para a compreensão do fenómeno da consciência. A Religião poderá comportar outros domínios de dimensão espiritual cuja importância na Humanidade é de grau nunca inferior ao da Ciência. *A Religião é um fenómeno aglutinador da fé e da esperança que são ingredientes essenciais à sobrevivência do ser Humano com dignidade, na sua interrelação positiva com a Natureza.*

A verdade é que existem hoje por todo o mundo índices de crescimento sem precedentes nas diferentes Religiões como base de organização social, principalmente nos países de Religião Islâmica. Paralelamente existe igualmente por todo o Planeta um crescente interesse de grupos religiosos no acompanhamento de perto dos progressos da Ciência. Este mais recente fenómeno, indicando interesse da parte das populações pelas das Associações Religiosas, e ao mesmo tempo pela sua interrelação com as Ciências, pode tornar-se bastante positivo para uma compreensão mais global e holística sobre o devir Humano. Na Europa Ocidental, e mais estritamente na União Europeia, os conflitos Religião-Estado não têm actualmente significado de grande vulto pese embora a crescente multiculturalidade que se tem verificado nas últimas décadas. Os poderes públicos estão sujeitos, particularmente em França, a grande esforço no sentido da clarificação de posições em relação às Religiões que coabitam nestes Estados de modo a garantir-se um equilíbrio social sustentável. Para resolver conflitos potenciais que se vêm perspectivando nas Sociedades de conduta democrática desde o século XVIII até à actualidade, enfatizou-se o conceito de laicidade como uma das características mais vinculativas nestas Sociedades para que as relações Estado-Igreja se verifiquem do modo mais independente e harmonioso possível. A laicidade implica que as tomadas de decisão políticas tenham um carácter de independência em relação a qualquer organização ou concepção religiosa. Em alguns países da união Europeia, em que predominam as fortes raízes Católica-Romana (Portugal, Espanha, Itália), é visível em certas condições o esforço realizado por alguns destes Estados na obtenção de um equilíbrio harmonioso e duradouro em relação a algumas medidas politicamente tomadas de maior melindre social, como a da educação base das populações.

No âmbito da Ciência, as decisões na definição dos trabalhos a desenvolver na actualidade não são como a muitos poderá parecer, autónomas, quer em relação ao Estado quer até às Instituições Religiosas, embora do ponto de vista da eficácia e da eficiência *"per si"* tal fosse desejável. Um conceito científico deve possuir a mesma validade na Europa, na África, na Ásia ou em qualquer outra parte, seja qual for a base Religiosa ou Filosófica da Região. Este ideal lógico na autonomia da Ciência não é, contudo, verificado. Em muitas Regiões do Planeta, os Estados e as Religiões têm as suas prioridades no desenvolvimento Social, que dizem querer em harmonia com o *"establishment"* Estatal ou com as ideias Religiosas.

Esta questão *"per si"* envolve actualmente grandes pressões de certas Organizações ou grupos Religiosos sobre a Gestão da Ciência, no sentido de se investigar em primeiro lugar o que é "prioritário" limitando assim drasticamente a experimentação em direcções pré-determinadas. Deste tipo de relacionamento, Ciência-Religião, resultam frequentemente grandes perdas de oportunidade de desenvolvimento em alguns países.

A Ciência terá de realizar cada vez maiores esforços para aceitar um mundo cada vez mais interactivo e intercultural desenvolvendo o seu trabalho numa "atmosfera" de "lógica estrita" e não universal. O mundo complexo em que vivemos, onde se expressa uma multiplicidade de convicções, todas reclamando direitos e respeito, tem necessariamente que ser aceite. É a partir da aceitação de autonomia das diferentes entidades existentes na Sociedade que se estabelecem pontos de diálogo e acção, conhecendo melhor as posições opostas e propondo consensos que sirvam cada vez melhor os poderes públicos e religiosos no prosseguimento dos seus deveres e devir Humano. Deste ponto de vista e numa concertação de esforços no entendimento Humano, o termo laicidade fará todo o sentido para que as populações possam ser não só espectadoras mas também intervenientes do trabalho da Ciência. A questão das relações entre Ciência-Religião-Laicidade é seguramente um dos aspectos de interacção Social que mais deve interessar aos Estados em geral e ao cidadão comum, aquele que ultimamente mais necessita de usufruir de um eventual benefício resultante da eficácia e eficiência em que se desenvolve esta relação. Aos Estados democráticos, os quais ocupam actualmente a grande parte do território Ocidental, abrem-se oportunidades para o uso de métodos de Gestão Social cada vez com mais transparência, corrigindo e actuando com mais efectividade, sobre o controlo dos trabalhos científicos. Da eficácia e eficiência destes trabalhos, do combate intensivo contra as irregularidades e corrupção na gestão orçamental dos investimentos públicos consequentes pode resultar um bem social do qual todas as populações do Planeta estão dependentes..... a inovação científica ao serviço da saúde, do bem-estar e da prosperidade Humana.

O Sistema Democrático que faz felizmente parte de muitos Estados no mundo em que vivemos é, até este ponto, o melhor, o mais lógico e Humano modo de organização que podemos ter. Há no entanto também aqui a semente do contrário, ... o gérmen de alguma desilusão. O fenómeno das maiorias é o mais determinante e decisivo no sustentáculo das democracias. E a grande verdade é que minorias, frequentemente de supe-

Homem – Máquina – Paradigma da Vida Moderna

rior valor crítico são, por vicissitude do sistema, consistentemente ignoradas na prática. E aqui nasce um perigo para as Sociedades; o estado de latência da revolta. Na verdade, a insatisfação dessas minorias poderá tornar-se tão corrosiva quanto a falta de honestidade e transparência for exercida pelas democracias em exercício. O Ocidente não é excepção nesta envolvência, onde cada vez mais maiorias ditam regras e as minorias críticas aparecem retraídas ou ignoradas, nas suas vicissitudes e revoltas. Um dos exemplos mais concretos da dicotomia *"maiorias ou minorias"* é aplicável ao Sistema de Educação que temos: uma significativa parte dos professores das nossas Escolas não se afirma suficientemente na exposição dos seus pensamentos mais profundos sobre as pressões psicológicas a que estão sujeitos na sua profissão; adoptam a atitude de não correr riscos na exposição das suas mais ortodoxas ideias e opiniões. Esta perigosa atitude, desinteressada da afirmação Humana, tem como consequência uma falsa realidade de aparência, de "faz-de-conta" em que tudo parece seguir do melhor modo. O resultado, aliás mensurável, desta atitude, porventura forçada, é o conservadorismo e o obscurantismo persuasivo, cujos predicados são justamente contrários à estrutura democrática de qualquer Estado.

Que possibilidades de Sustentabilidade num Planeta intranquilo e em crise conjuntural ...?

...... Reflectindo sobre o que se tem e o que a todo o momento se perde irreversivelmente.

A Energia constitui não só a força primeira de sustentabilidade da vida, ... é sobretudo o que dá significado e identidade a tudo com que nos relacionamos na Natureza. No mínimo gesto que fazemos quando vemos, pensamos, ouvimos, reflectimos, usamos a energia residual no corpo Humano. Quando presenciamos na vida vegetal uma planta minúscula ou uma árvore de grande porte, estes seres vivos existem a expensas da energia residual na forma química e biológica dos solos. Por detrás de uma roupagem invisível do universo existe uma matriz de invisibilidade feita do nada mas, que nos guia, instroi, governa e comanda...é o manifesto da Energia Natural nas suas mais variadas formas. Quando reparamos na diferença entre dois corpos materiais e pensamos ser a matéria de que são constituídos que os distingue, estamos certamente errados. Por exemplo, a diferença entre um átomo de chumbo e outro de prata não se estabelece a nível da matéria que os constitui. Os átomos, partículas ínfimas da matéria, são constituídos de partículas subatómicas como os protões, neutrões, os electrões, os quarks e os bosões. Estas "partículas" subatómicas são exactamente as mesmas que constituem outros átomos diferentes, outras substâncias. Estas "subpartículas" constituem impulsos de energia e informação; o que torna diferente, por exemplo, a prata do ouro, ou de outra qualquer substância é a sua organização interatómica e intermolecular e a quantidade desses impulsos de energia e informação que contêm.

As Sociedades Ocidentais, sobretudo a partir de meados do século XX, não têm entendido da melhor forma a relação do Homem com os Recursos Energéticos Naturais. Esta fonte que está na origem de tudo quanto os seres vivos possuem tem sido usada pela espécie Humana sem critérios sustentáveis, afectando com esta atitude todas as restantes espécies de seres vivos até aos limites de insustentabilidade dos Ecossistemas.

Da estreita correlação que existe entre os modos como se usam os Recursos Energéticos Naturais e o Ambiente físico em que vivemos, conclui-se que, para se estabelecerem no Planeta condições de sustentabilidade da vida Humana, se deve reconsiderar a atitude da espécie Humana em relação aos usos e abusos dos Recursos Naturais. Embora nos anos mais recentes algumas fontes responsáveis no Ocidente tenham entendido que **existem limites para o crescimento económico**, a verdade é que este critério está ainda em *limbo* e distante da sua visibilidade no domínio real. É manifesto que a necessária transformação do actual paradigma Ocidental no uso e na aplicação dos Recursos Naturais não se faz, nem se vislumbra poder fazer-se no futuro, de um modo espontâneo embora empenhado nesta grande causa – a salvação do Planeta. Começa a entender-se que a Gestão Global dos Recursos Naturais, e particularmente os Recursos Energéticos com as suas consequências nos Ecossistemas, só tem alguma visibilidade quando é acompanhada de Normas, Regulamentos, Decretos, Coimas, que são difundidos em formas burocráticas e de conteúdo impositório. Esta nova dimensão das Entidades Reguladoras faz com que as Empresas Industriais e Agrícolas, as Jurisdições Autárquicas, as Estruturas Urbanísticas, as Industrias Transportadoras, o Tráfego Automóvel e a Atitude Global dos cidadãos relacionada com o uso dos Recursos Naturais, se ajustem e acomodem a uma nova realidade … a realidade da sustentabilidade do Planeta em que todos possam viver.

Na Indústria, a importância da Gestão da Energia e do meio Ambiente, quer em relação ao impacte exterior das actividades, quer no interior dos espaços produtivos onde o índice de produtividade laboral e intelectual está afecto, é ao mesmo tempo uma necessidade de cumprimento regulamentar e um sinal às populações de que há mais para além do objectivo exacerbado do lucro … a Empresa Industrial deve estar ao lado dos consumidores no zelo pelo seu habitat, pelas suas condições qualitativas de vida. Esta não é infelizmente, uma crescente preocupação nos grandes centros produtivos e consumidores do mundo Ocidental... EUA, Canadá e União Europeia.

Nas Indústrias de génese Agrícola, Pecuária e Piscatória assiste-se a um crescente interesse na salvação dos Ecossistemas que lhes estão afectos: os solos, as águas e a vida animal donde depende a globalidade da cadeia alimentar Humana. A generalidade das aplicações no futuro da "filosofia verde" e o crescente apoio dos grupos que a defendem, leva a um certo tipo de relações públicas no sentido da transformação de paradigma. Este processo, embora débil na sua base de apoio relativo à globalidade das populações, considera-se já em marcha, não obstante os tremendos entraves com que estas ideias ainda se debatem, sobretudo devido à mais vinculativa característica da personalidade Humana... o egocentrismo. O movimento ecológico que se alastra por todo o Planeta encontra na sua génese e no seu desenvolvimento original um carácter regional e nacional e também, nas suas formas organizativas, êxitos e fracassos comparáveis às "lutas" enfrentadas pelas organizações reivindicativas dos diversos Sindicatos. É bom recordarmos que, apesar de todos os conflitos, sobretudo de classe, que as Organizações Sindicais vieram criar no mundo Ocidental desde os meados do século XX, as suas acções largamente contribuíram para uma mais racional distribuição de riqueza no Ocidente. Semelhante efeito é esperado nas próximas décadas a partir dos trabalhos, primeiro das Organizações de Ecologistas, depois da aderência massiva das populações que de modo cada vez mais crescente sem precedentes, aparecem em defesa de uma mais racional atitude na Gestão dos Recursos Naturais. É a ideia *"master"* de que todos possam livremente partilhar, e consequentemente compartir no futuro, os meios Naturais de subsistência que lhes foram prédestinados.

Particularmente desde 1980 e com maior incidência nos EUA e Canadá, iniciaram-se significativas incursões nos cuidados ambientais no que se refere às emissões industriais gasosas, sólidas e líquidas não obstante os continuados cuidados nos EUA não tenham sido os melhores. Este movimento transmitiu-se à Europa Comunitária e mais recentemente a outras partes do Planeta. Medidas semelhantes tomadas por países não Ocidentais são, de modo menos intenso, com investimentos nesta área incomparavelmente inferiores ao que se verifica no Ocidente. Até ao presente não foram devidamente avaliados os impactes resultantes da evolução do comportamento local dos Industriais e das Instituições que mais se esforçam no cumprimento Regulamentar sobre o Ambiente físico. A razão é simples ... a poluição do ar ou a das águas não têm fronteiras definidas ... o bem ou o mal que se comete localmente não é facilmente perceptível. Este é verdadeiramente um assunto de responsabilidade Global das populações. Nos tempos actuais, e se atentarmos na evolução dos últimos cinquenta anos, que em aspectos relacionados com a preservação da sustentabilidade Humana tem sido desastrosa, é evidente a necessidade de repensar a Cultura Ocidental, não no contexto mais intrínseco e histórico, mas interpretado num sentido mais dinâmico, mais ajustado à grande responsabilidade comportamental desta sociedade centrada num consumismo egocentrista e sem futuro, no sentido da harmonia com a sua própria origem Natural. Alguém disse que *"a coerência é a arma ideal quando falta imaginação e inovação"*. Neste contexto poderá contraditar-se que o Homem deve ser coerente, pelo menos com as suas origens, isto é, com a sua própria natureza. A evolução tecnológica que, com a maior eficácia tem sido protagonizada pelo Ocidente, atinge actualmente níveis de substituição da própria intervenção Humana que, num futuro mais ou menos próximo pode trazer dissabores e frustrações de dimensões imprevisíveis.

A sustentabilidade precária que as Sociedades têm sabido manter do modo mais artificial, poderá, a seu tempo tornar-se um imenso logro para as populações mais incautas e com menos acesso ao conhecimento. A verdade é que o consumismo selvagem a que assistimos tem consequências graves no Ambiente físico cujas soluções de tratamento a jusante apenas camuflam o mal maior, isto é – a destruição a montante dos Ecossistemas Naturais. A enorme produção actual de produtos químicos tóxicos os quais estão sendo usados por todo o mundo Ocidental, sobretudo nos processos agrícolas e industriais são disto o mais relevante exemplo. O maior risco das águas que se tratam a jusante advêm da deterioração química dos solos nos processos agrícolas e eventualmente de doses ilícitas administradas na pecuária. Neste contexto a saúde Humana está em constante deterioração como consequência de uma cadeia alimentar cada vez mais desvirtuada, resultado da contaminação dos solos e das águas.

Para a compreensão global dos fenómenos naturais e do modo como os Ecossistemas são colocados em permanente "stress" com origem antropogénica, devemos atender a algumas passagens mais relevantes da evolução da História do Homem no que respeita à sua interacção com o meio Ambiente. **O ser Humano, na era actual deve preocupar-se não só com o entendimento da crosta terrestre e da sua geologia, mas também com o modo evolucionário do desenvolvimento animal e vegetal**. É particularmente enriquecedora, neste contexto, a compreensão dos principais eventos da História Humana como a subida e queda de alguns Impérios, e as causas que as implicaram. Neste contexto, será do interesse humano estabelecer, de algum modo, a ligação a estas fases da História com os fenómenos da 1ª e 2ª Revoluções Industriais. Nesta perspectiva, deverá equacionar-se a forma como se desenvolveu e acelerou o conhecimento tecnológico durante o século XX e quais as consequências actuais desta evolução sem precedentes na História da Humanidade. Este paralelismo no conhecimento global do desenvolvimento Humano, cria condições psicológicas para aceitarmos os acontecimentos menos desejáveis da actualidade, com mais serenidade e de uma forma natural, e assim, melhor contribuirmos para os eminentes desafios que nos esperam.

O Valor da Coragem e da Esperança
na resolução das grandes causas

As Leis da Termodinâmica e a sua história na justificação dos desequilíbrios no Planeta, não fazendo parte do conhecimento do cidadão comum, devido à sua especificidade, preenchem parte importante do que interessa ao conhecimento humano porque explicam a degradação ambiental e a evolução cada vez mais alarmante da Entropia no Planeta. Estas Leis da Física estão intimamente ligadas ao "Edifício da Ciência" desde os princípios do século passado. No seu histórico, sobretudo a partir do período Medieval, as Sociedades já sentiam que os efeitos de um paradigma centrado no *status quo* também não as levava a uma evolução harmónica e sustentável ... era necessário criar e desenvolver. As populações medievais não eram transparentes ao ponto de aceitarem que as leis físicas se pudessem aplicar como determinantes da sua própria evolução. A partir dos finais do Séc. XIX a Ciência provou que, qualquer quantidade de energia potencial comporta em si mesmo duas componentes: a componente **entálpica**, que é útil na satisfação do trabalho pretendido, e a componente **entrópica** que significa a degradação e a quantidade irreversivelmente perdida em qualquer transformação. Quer no uso da **energia química** potencial a partir do petróleo ou do carvão quer na energia eléctrica nas formas geralmente usadas onde também existe o equivalente, isto é, a *energia* **activa** e **reactiva**, o utilizador não tem qualquer possibilidade de separação destas duas componentes energéticas, entálpica e entrópica. Ao maior consumo corresponderá **sempre**, na proporcionalidade, **uma componente *activa* de imediato resultado útil e outra de natureza *entrópica* e que está implícita na degradação e portanto numa quebra de eficiência de qualquer sistema consumidor**. A inevitabilidade da deterioração ambiental em consequência dos consumos das

Energias não-Renováveis aos ritmos actuais, trará consigo, a relativo curto termo, digamos de algumas décadas, uma situação de insustentabilidade e de instabilidade Social de consequências que se prevêem desastrosas quer directamente no poder económico das populações devido ao inevitável aumento de custo do petróleo, quer nos custos consequentes da reparação Ambiental afectando irremediavelmente qualquer prosperidade económica das populações. O impacte na saúde e bem-estar devido às consequências graves na cadeia alimentar a que essa degradação nos Ecossistemas conduz, deixa antever, a seu tempo, alguma reacção enérgica das populações. *Os sistemas biológicos de que dependemos têm uma inércia própria e temporal. Quando falham ou se fazem falhar, fazem-no do modo mais catastrófico, isto é, sem reversibilidade.*

A questão central no momento é a de se saber até onde podemos ir na despoluição em contínuo dos Ecossistemas Naturais de modo a manter-se possível a sua contínua regeneração.

Quando se interpreta o actual comportamento da população Ocidental no que se refere aos consumos de energia face às Leis da Física Termodinâmica e das suas demonstradas consequências, pode a Humanidade interrogar-se com pertinência sobre o futuro da vida. **Na contínua e acelerada degradação de um Recurso Natural que não é renovável num tempo finito de vida Humana, como se poderão desenvolver as estruturas vitais que garantam a sobrevivência do Homem e do modo como quer viver?** Ao ponto a que se chegou na situação energética a nível planetário, em particular no Ocidente, uma solução visível e socialmente convincente para a resolução desta encruzilhada na História recente tarda em aparecer. O grande esforço das últimas duas décadas na crescente demonstração e aplicação das Energias Renováveis designadamente as de génese Solar, Eólica e Biomássica, com toda a importância que têm na atenuação de uma previsível catástrofe Ambiental, não constituem contudo a resolução da problemática mais geral e global que é a questão colocada quando se sabe que estas fontes energéticas não responderão, em condições de rendibilidade económica aceitável, com produção energética suficiente para a manutenção do actual paradigma de vida Ocidental cujo enraizamento se tem vindo a fixar desde há um século. Não havendo produção energética suficiente, o modo de vida terá de ser profundamente alterado. Sabem todos quantos se dedicam ao estudo das diferentes Sociedades e Culturas Ocidentais que o pensamento actual separou as emoções da inteligência e da moral. O Homem moderno na sua vida quotidiana tem-se encaminhado

Homem – Máquina – Paradigma da Vida Moderna 233

para a satisfação das suas necessidades próprias e cada vez mais exigentes sobre o que lhe dá prazer. E, conduz-se assim geralmente, tocado mais pela emoção do que pela enorme capacidade que tem de inteligência. Esta transformação na modernidade está prejudicando a evolução Humana no sentido da sua própria sustentabilidade. É ainda ao cidadão comum a quem se deve pedir e exigir mais esforço, não necessariamente no sentido material ou económico, mas sobretudo na cooperação efectiva com os grupos sociais e políticos no estabelecimento de uma autêntica e genuína **Ordem Ambiental**. Às entidades com responsabilidades de gestão Social e Política, o cidadão deve exigir competência e trabalho como um dever a ser cumprido na definição e actuação de mecanismos sociais e económicos ao dispor para a correcção de relevantes desvios, garantindo-se assim a habitabilidade digna das populações que servem. É na defesa das grandes causas que o *"eu social"* que na modernidade se encontra cada vez mais dividido e extraviado, se deverá juntar e recompor-se para a resolução, em antecipação, das grandes questões que enfrenta.

EQUIVALENTES ENERGÉTICOS DOS COMBUSTÍVEIS FÓSSEIS E IMPACTE NAS EMISSÕES ATMOSFÉRICAS

Combustíveis	Equivalência Energética (unidades)	Emissões Gasosas (unidades)
Fuel Óleo (valor médio)	(968 kg.e.p./t)	$CO_2 = (2600 \text{ gr/kg})$ $SO_2 = (9 \text{ gr/kg})$ $NO_x = (6 \text{ gr/kg})$
Gasóleo	(1045 kg.e.p./t)	$CO_2 = (2500 \text{ gr/l})$ — $NO_x = (5,4 \text{ gr/l})$
Gasolina (valor médio)	(1073 kg.e.p./t)	$CO_2 = (2500 \text{ gr/l})$ — $NO_x = (5,4 \text{ gr/l})$
Gás Natural	(910 kg.e.p./1000Nm³)	$CO_2 = (2300 \text{ gr/Nm}^3)$ — $NO_x = (5 \text{ gr/Nm}^3)$
Carvão Mineral (valor médio)	(2300 kg.e.p./t) [(*)'']	$CO_2 = (2570 \text{ gr/kg})$ $SO_2 = (8,7 \text{ gr/kg})$ $NO_x = (5,6 \text{ gr/kg})$
Energia Eléctrica	(0,290Kgep/kWh)	[(*)'] $CO_2 = 502 \text{ g/kWh}$ $SO_2 = 1,7 \text{ g/kWh}$ $NO_x = 1,1 \text{ g/kWh}$

TABELA 1

Energia Eléctrica: 1kWh< > 0,290Kg.e.p.
Kg.e.p. – Kilograma equivalente de petróleo

(*)' Valores médios para Portugal (GEA/Eurostat).
(*)'' Base PCS.

CONSUMOS DE COMBUSTÍVEL E GASES POLUENTES CO_2 EMITIDOS POR VIATURAS AUTOMÓVEL(*)'

	Cilindrada (cm³)	Consumo Valor médio (L/100 km)	Emissões CO_2 (Kgs/100km)
Gasolina	1497	4,3	10,4
	1339	4,6	10,9
	1149	4,	10,9
	998	5,1	11,3
	698	4,8	
Gasóleo	1461	4,3	11,5
	1398	4,1	10,9
	1248	4,3	11,3
	1120	4,2	11,2
	799	3,4	9,0

TABELA 2

(*)' Marca, modelo, versão – omitidos.

LITERATURA ADICIONAL

FERKISS VICTOR – *The Future of Technological Civilization*. New Jork: Brazillier 1984.

GERMINO, DUARTE E L. – *Modern Western Political Thought*. Chicago: Rand MC Nally, 1972.

DESCARTES, RENÉ – *Discoursean Method*. Part 6.

BARRET, WILLIAM – *The Illusion of Technique* – Garden City, N.Y. – Doubleday/Anchor, 1986.

ASIMOV, ISAAC – *"In the Game of Energy and Thermodynamics You Can't Even Break Even"* – Smithsonian, August 1980.

ASIMOV, ISAAC – *"What is Entropy?"* – Science Digest 73 (January 1973).

GEORGESCU – ROEGEN, NICHOLAS – *"The Steady State and Ecological Salvation": A Thermodynamic Analysis* – Bioscience 27 (April 1977).

DOUGLAS, JACK D. – *The Technological Threat"* – Englewood Cliffs, N.J.: Princetice – Hall (1981).

GAY, JOHN – *"False Down – The Delusions of Global Capitalism"* – Londres, Granta Books – 1998.

ROSENAU, JAMES N. – *"Turbulence in World Politics: A Theory of Change and Continuity"* – Londres, Harvester Whearsheaf – 1990.

DUNN, JOHN – *Democracy: "The Unfinished Journey, 508 BC to AD 1993"*, Oxford, Oxford University Press, 1992.

BELL, DANIEL – *"The World and the United States in 2013"* – Daedalus Magazine.

BARBOUR, IAN G. – *"Finite Resources and the Human Future"* – Minneapolis: Augsburg, 1976.

BERRY, R. STEPHEN – *"Recycling, Thermodynamics and Environmental Thrift"* – Bulletin of the Atomic Scientists, May 1972.

SCHAEFFER, FRANCIS A. – *"How Should We Then Live?"* Old Tappan, N.J. – Revell 1986.

STRIZENEC, MICHAL – *"Information and Mental processes"* – In Entropy and Information in Science and Plilosophy. N.Y. – Elsevier, 1985.

PARSEGIAN, V.L. – *"Biological Trends Within Cosmic processes"* – Zygon 8 September – December 1973.

LUKACS, JOHN – *"The Passing of the Modern Age"* – N. Y. – Harper, 1980.

LINDSAY, ROBERT B. – *"Entropy, Consumption and Values"* – American Scientist 47 (Autumn – September 1959).

MARILYN FERGUSON – *"The Aquarian Conspiracy. Personal and Social Transformation in the 1980's"* – J. P. Tarcher, Inc. L.A. – 1980.

SERGE FRONTIER – *"Os Ecossistemas"* – Editora Piaget – 2002.

ANTONY GIDDENS – *"O Mundo na Era da Globalização"* – Editorial Presença – 4ª Edição – 2002.

ELLEGRE, C. – *"Écologie des Villes, Écologie des Champs"* – Paris, Fayard, 1993.

GUÉRIN, H. A. – *"Les Pollueurs: Lutes Sociales et Pollutions Industrielles"* – Paris – Senil, 1980.

ÍNDICE

Pág.

- Introdução 17
- A Vida no Planeta à Luz da 2ª Lei da Termodinâmica 21
- Um pouco de História sobre as Maiores Crises Energéticas e Consequentes Mudanças de Paradigma de Vida 25
- A Interacção Evolutiva do Homem com os Ecossistemas a Nível Planetário 29
- A Intervenção Humana nos Agrossistemas 31
- A Intervenção Humana nos Aquossistemas 33
- Vantagens dos Humanos sobre outros Seres Vivos na Delapidação dos Recursos Energéticos Naturais 35
- A Relação da 2ª Lei da Termodinâmica com a Cosmologia 39
- A Tecnologia como Esperança da Humanidade e a Compensação dos Fenómenos Destruidores de Origem Antropogénica 41
- Custos Externos do paradigma Homem-Máquina e a Induzida Vitimização das Populações 45
- Valores das Sociedades Entrópicas e o Papel Disciplinador e Moderador das Instituições 49
- O Funcionamento da Economia em Tempo de Alta Entropia Ambiental 55
- O Ser Humano e o seu perigoso afastamento da Natureza 61
- Os Grandes Sectores da Economia e o Desenvolvimento dos Processos Entrópicos 63
  - Transportes e Entropia 65
  - Agricultura Moderna e Cadeia Alimentar 69
  - Urbanismo e Desordem Ambiental 75
- Novos Paradigmas de Vida e a Reformulação da Ciência 81
- Antropogenia e Degradação dos Ecossistemas 85
  - A Poluição de Origem Antropogénica nos Mares e Oceanos e a Sustentabilidade da Vida Humana 87

- Agricultura Moderna e a Degradação dos Ecossistemas 91
- Impacte na Actividade Antropogénica na Entropia Atmosférica 95
- Poluição Invisível e Ordenamento do Território.................... 101
- Entropia Ambiental e Saúde Pública............................... 107
- Crise Energética e as Energias Renováveis........................ 113
- Desespero e Esperança no Actual Paradigma de Vida das Sociedades 119
- Enfrentar a Actual crise Entrópica – a Aceitação dos Ritmos Naturais 127
- O Novo Paradigma de Vida e a Reforma na Educação 133
- Contrariar a Crise – Os Ideais e as Acções 139
- O Papel dos Estados na Transição do Paradigma de Vida das Populações.. 145
- A Degradação Ambiental, o Impacte nos Recursos Hídricos e na Saúde Humana.. 153
- A Crise Alimentar no Actual Paradigma de Vida Ocidental 165
- A Poluição Invisível e as Medidas de Progresso Humano – *Campos de Origem Electromagnética que Afectam a Saúde Humana* ... 171
- O que é a poluição Electromagnética? 173
- História e Modernidade – Pensamentos Filosóficos sobre o Caos e a Sustentabilidade na Vida Humana............................... 177
- A Sociedade de Alta Entropia e a Pobreza – *da Exuberância da Riqueza à Crescente Pobreza*...................................... 183
- As Contrariedades na Vida do *"Homo Sapiens"* – a Consciência Egocêntrica do Ser Humano....................................... 191
- Libertação do Conhecimento e Mudança de Atitude 197
- O "Egoísmo Altruísta" na Sustentabilidade da Vida Humana........ 203
- Estatutos e Super-Estatutos no Paradigma de vida Ocidental – Implicações na Degradação Social.................................. 209
- Conhecer os Limites para Crescer: O mais Nobre de Todos os Conhecimentos para o Homem Actual................................ 213
- Ciência, Religião e Laicidade: *Motores de Evolução e de Resistência à Transformação do Paradigma de Vida* ....
- Que Possibilidades de Sustentabilidade num Planeta Intranquilo e em Crise Conjuntural.. 225
- O Valor da Coragem e da Esperança na Resolução das Grandes Causas.. 231
- Tabela 1.. 234
- Tabela 2.. 235
- Literatura Adicional... 237